如何
把握孩子心理

王承凯 ◎ 编著

中国纺织出版社

内 容 提 要

孩子是快乐的，但在孩子的成长过程中，也有着各种各样的烦恼，他们不但要面临各种学习压力，还要面临成长过程中遇到的各种生理、心理问题，也被人们称为"成长的烦恼"。

本书针对孩子的性问题、生理问题、行为问题、情绪问题、学习问题、社会交往等方面出现的典型的心理问题做了细致全面的分析，并给出了可操作的解决方案。

图书在版编目（CIP）数据

如何把握孩子心理 / 王承凯编著. —北京：中国纺织出版社，2017.2（2019.11重印）

ISBN 978-7-5180-3001-9

Ⅰ.①如⋯ Ⅱ.①王⋯ Ⅲ.①青少年心理学 Ⅳ.①B844.2

中国版本图书馆CIP数据核字（2016）第234495号

责任编辑：闫 星　　　　责任印制：储志伟

中国纺织出版社出版发行
地址：北京市朝阳区百子湾东里 A407 号楼　邮政编码：100124
销售电话：010—67004422　传真：010—87155801
http://www.c-textilep.com
E-mail: faxing@c-textilep.com
中国纺织出版社天猫旗舰店
官方微博http://weibo.com/2119887771
三河市宏盛印务有限公司印刷　各地新华书店经销
2017年2月第1版　2019年11月第7次印刷
开本：710×1000　1/16　印张：19
字数：198千字　定价：36.80元

凡购本书，如有缺页、倒页、脱页，由本社图书营销中心调换

前言

我们都知道,家庭对孩子一生的成长是至关重要的,家庭是孩子人生的第一所学校,家长是孩子最重要的启蒙老师。每个家长都望子成龙,望女成凤,然而,在教育孩子的问题上,一些家长显得过于焦躁,孩子一旦出了些什么问题,就乱了方寸,甚至与孩子斗气,以为大声呵斥就能让孩子听话。而实际上,这些父母是否想过:你们要求孩子听话和了解你们的意思,但你们有没有了解过孩子的想法?

沟通,要求父母向孩子敞开心扉,要让孩子了解你的心理想法,同时也要倾听孩子内心的声音,互相了解和沟通,才能知道孩子到底心里想什么,"对症下药"才能担任孩子成长路上的导师,帮助孩子健康成长。

那么,什么样的沟通才是有效的?在考虑这一问题之前,我们不妨先反思一下:您是否唠叨?您与孩子的话题是否永远都是学习、听话?您是不是经常暗示孩子一定要考上大学?您是否发现,孩子越来越不愿意和你交流?您的孩子是不是觉得你越来越"土"?之所以要求我们反思,是因为孩子在长大,或多或少会表现出逆反心理,我们越是要求他们,他们越不听。最好的做法是改变我们自己的做法,打开与孩子交流之门,缩短与孩子心灵的距离。

我们不能否认,每一个孩子都是伴随着问题成长的。面对孩子的一些错误的行为,很多家长一直沿袭传统的教育方式——打压式,和孩子斗气,企图将孩子的错误行为和观念遏制住。然而,实际上,这种方式多半是无效或是适得其反的。因为如果我们总是运用严厉的方式教育孩子,或者苦口婆心地劝说,久而久之,孩子一定会排斥你,孩子也只会对我们的管教感到厌烦,除了躲着我们,他们还能怎样?我们不得不承认,现在不少孩子身上出现的毛病,诸如顶撞父母、撒谎、自私等,都是父母简单粗暴的教育方式带来的结果。如果我们不能摆正心态、心平气和地与孩子沟通,孩子势必也会气急败坏，最终，我们的教育目的不但不能达到，反而激化了亲子间的矛盾，孩子也不愿意与你沟通了。

其实，孩子的成长过程中，不仅有快乐，还有烦恼，他们不但面临各种学习压力，还要面对来自社会的各种诱惑，也会出现各种心理问题。作为父母，如果我们了解他们的成长困惑，不掌握一些打开孩子心门的方法的话，那么，我们便很容易陷入"孩子冲动叛逆，父母气急败坏"的教育困境。这些给父母的警示是，我们应该学会把握孩子的心理。

总之，家庭教育不是一门简单的学问，需要认真对待。家庭教育的关键在家长，家长的方法和态度直接决定了能否和孩子融洽相处，能否使孩子顺利、健康、快乐地成长。

编著者

2016 年 1 月

目 录
CONTENTS

第一章　了解孩子的心理特征：解析孩子的怪异行为 …………… 1
　一、平静对待总是与父母对着干的孩子 ………………………… 2
　二、让诚实守信代替孩子的撒谎成"性" ……………………… 4
　三、如何帮助孩子克服自私心理 ………………………………… 7
　四、如何让孩子改掉"贼"性 …………………………………… 9
　五、如何培养出文明礼貌的"小绅士" ………………………… 11
　六、纠正孩子的任性和蛮横 ……………………………………… 14
　七、充分利用孩子调皮好动的天性 ……………………………… 16
　八、如何让霸道的孩子收敛"霸性" …………………………… 19

第二章　关注孩子的不良情绪：维护孩子的心理健康 …………… 23
　一、帮助孩子疏通心里的烦恼 …………………………………… 24
　二、教孩子平息怒气 ……………………………………………… 26
　三、别让挫折打垮孩子 …………………………………………… 28
　四、别让消极占据孩子的内心 …………………………………… 31
　五、让孩子学会适当排解不良情绪 ……………………………… 34
　六、别和青春期的孩子较劲 ……………………………………… 36
　七、帮助孩子学会控制自己的情绪 ……………………………… 39

第三章　清楚孩子的学习动机：帮助孩子爱上学习 ……………… 43
　一、如何让厌学的孩子爱上学习 ………………………………… 44

二、让孩子不再远离考试焦虑 ········· 46
三、帮助孩子适度减减压 ············· 49
四、如何让孩子改掉粗心大意的毛病 ··· 51
五、如何帮助孩子攻克学习中的短板 ··· 54
六、如何让孩子理智追星 ············· 56
七、帮孩子挣脱网络的束缚 ··········· 59
八、让孩子劳逸结合，懂得放松自己 ··· 61
九、帮助孩子寻找属于自己的学习方法 · 64

第四章 正视青春期性困惑：让孩子对性有正确的认知 ········· 67
一、引导孩子正确认识自慰 ··········· 68
二、如何跟青春期的孩子谈"性"的问题 · 70
三、解开青春期孩子心中的性困惑 ····· 73
四、别强制打压，理智对待孩子的早恋行为 · 75
五、帮助孩子从单相思中抽出身来 ····· 78
六、引导孩子摆脱失恋的痛苦 ········· 81

第五章 关心孩子的人际交往：引导孩子懂人情识人心 ········· 85
一、让孩子成为人人喜欢的万人迷 ····· 86
二、教孩子敢于拒绝他人 ············· 88
三、鼓励孩子学会与人合作 ··········· 91
四、教孩子正确面对朋友之间的冲突 ··· 94
五、让孩子拥有一颗感恩的心 ········· 96
六、鼓励孩子多为他人着想 ··········· 99
七、理性引导孩子与异性交往 ········· 101
八、告诉孩子什么是真正的朋友 ······· 104

第六章　体察孩子内心的阴影：塑造孩子积极阳光的性格……107

- 一、帮助孩子克服胆怯的弱点……108
- 二、让孩子学会为自己"做主"……110
- 三、如何帮助孩子摆脱自卑……113
- 四、除掉孩子心中"嫉妒"这颗毒瘤……116
- 五、帮助孩子走出抑郁的困境……118
- 六、别让孩子成为被虚荣腐蚀的"玛蒂尔德"……121
- 七、如何让孤独的孩子向你打开心扉……124
- 八、如何培养出性格豁达的孩子……126
- 九、个性幽默的孩子更积极乐观……129

第七章　关注孩子的心理健康：父母一定要懂的心理学常识……133

- 一、一定不要忽视孩子的心理健康问题……134
- 二、孩子患有心理疾病会有怎样的症状……137
- 三、被溺爱的孩子更容易心理扭曲……139
- 四、孩子的自尊心该怎样维护……142
- 五、别忽视了孩子的自我认同感……144
- 六、孩子任性，是有心理需求……147
- 七、逆反期的孩子该怎样相处……149

第八章　做孩子天赋的挖掘者：不良行为后隐藏的正能量……153

- 一、孩子的任何行为，都要辩证看待……154
- 二、你剥夺了孩子"做梦"的机会了吗……156
- 三、爱涂鸦的孩子，想象力丰富……159
- 四、孩子好奇心重，是爱动脑的表现……162

五、用你的表扬来鼓励孩子不断进步 …………………………… 164
　　六、要尽早在孩子心里种下善良的种子 ………………………… 166
　　七、乐观的心态比什么都重要 …………………………………… 169
　　八、着力打造孩子的意志力 ……………………………………… 172

第九章　重视孩子成长的敏感期：父母一定要了解的幼儿敏感期 …175
　　一、孩子都有一个任性的敏感期 ………………………………… 176
　　二、正确看待幼儿审美和追求完美的敏感期 …………………… 179
　　三、孩子为什么这么爱"多嘴" ………………………………… 181
　　四、如何帮助孩子顺利度过人际关系敏感期 …………………… 183
　　五、要抓住幼儿辨认颜色敏感期 ………………………………… 186
　　六、喜欢哼唱的音乐敏感期 ……………………………………… 188
　　七、以正确的心态面对孩子的性别敏感期 ……………………… 191

第十章　不要给孩子制造心理雷区：父母是孩子的天 ……………195
　　一、别给孩子贴"笨"的标签 …………………………………… 196
　　二、父母的离异对孩子是一个巨大的打击 ……………………… 198
　　三、不要放大孩子的"失败" …………………………………… 201
　　四、别当着外人的面宣扬孩子的过错 …………………………… 204
　　五、你了解家庭冷暴力对孩子的危害吗？ ……………………… 206
　　六、一定要给孩子解释的机会 …………………………………… 209

第十一章　每个孩子都有叛逆期：父母要及时引领孩子回归 ………213
　　一、你了解孩子叛逆的心理原因吗 ……………………………… 214
　　二、教育叛逆期的孩子，家长不能太专制 ……………………… 217
　　三、叛逆期孩子的心事需要我们倾听 …………………………… 220

四、离家出走的孩子心里是怎么想的 …………………… 223

　　五、青春期叛逆期的孩子总是心浮气躁，怎么办 ……… 225

　　六、爱攀比、虚荣心强的孩子该怎么引导 ……………… 228

　　七、叛逆期的孩子总是想学坏，怎么办 ………………… 231

第十二章　给孩子最公平的评价：别让偏见和不尊重毁了孩子 …… 235

　　一、偏见会引发亲子关系的紧张 ………………………… 236

　　二、别用分数来衡量你的孩子 …………………………… 238

　　三、给孩子一定的自由，不要过度干涉 ………………… 241

　　四、放下架子，用示弱法认可和承认你的孩子 ………… 243

　　五、别让溺爱毁了孩子 …………………………………… 245

　　六、别小看孩子，让孩子在实践中成长 ………………… 248

　　七、缺乏沟通，是一切教育问题的根源 ………………… 250

第十三章　全面培养孩子的能力：别让孩子成为只会学习的"书呆子" …… 255

　　一、注重对孩子动手能力的培养 ………………………… 256

　　二、引导孩子培养观察力 ………………………………… 258

　　三、孩子的专注力该如何提升 …………………………… 261

　　四、意志力就是孩子的成功力 …………………………… 263

　　五、培养孩子的理财能力 ………………………………… 266

　　六、教会孩子掌握时间管理的能力 ……………………… 268

第十四章　让亲子关系逐渐升温的秘诀：用心沟通才能教出好孩子 …… 273

　　一、给予孩子话语权，倾听他们的心声　274

二、多用身体语言与孩子沟通 …………………………… 277

三、与时俱进，与孩子建立友谊 ………………………… 280

四、站在孩子的角度说话，让孩子把你当自己人 ……… 282

五、孩子犯了错，批评要"顺耳"点 …………………… 285

六、说服孩子要讲究方法 ………………………………… 288

参考文献 ……………………………………………………… 291

第一章

了解孩子的心理特征：解析孩子的怪异行为

生活中，我们经常听到有些家长抱怨自己的孩子有一些怪异行为，比如：为什么我的儿子现在就喜欢与我对着干？原本乖巧的孩子怎么学会了撒谎和偷窃？孩子总是调皮捣蛋怎么办？说到底，这都是孩子在成长过程中出现的一些心理偏差导致的，我们父母要通过孩子表面的行为去分析其背后的心理，要了解孩子成长的特点和心理特征，只有这样，才能从根本上解决孩子在成长中遇到的问题，才能引导孩子身心健康地成长！

如何把握孩子心理

一、平静对待总是与父母对着干的孩子

在某中学的一次家长会上，很多家长纷纷提出，孩子上了小学之后脾气就变坏了，父母的话根本听不进去，甚至还公然和父母对抗。

"女儿以前读幼儿园时很懂事乖巧，叫她做什么就做什么。自从上了小学就跟变了一个人似的，老说我唠叨，多说一句就厌烦我，摔门走开。我为她做了这么多，还不领情！"

"儿子13岁，年前还是个很听话的孩子，过完春节就不行了，学习成绩急骤下降，偷着上网吧，作业也不做。我现在处处监督他，可是越管越不听，特逆反，老跟我顶嘴，和我对着干。我让他往东，他往西，吃饭时，我让他多吃蔬菜，他就是要吃肉，我让他买绿颜色的衣服，他就是要买黄颜色的，反正总是犯拧，求他也不是，骂他打他也不是。我没招了！"

心理导读

可能不少父母都和故事中的家长一样，为什么孩子小时候那么听话，一上了学好像就变得犯拧了，为什么现在的脾气这么大，为什么总是要与自己对着干？到底是什么原因？

教育心理学家称，人生的第一个反抗期出现在3~4岁。从心理成长的角度来说，孩子在3岁之前，是与父母处于一体的状态，但在3岁以后，他们的大脑皮层快速发育，语言、运动能力大大提高，渐渐能够区分自己与环境的不同，所以，此时他们开始希望自己能独立行动，如果家长处处管

着他们，他们便开始反抗，从而事事与父母对着干。

其实，作为父母，我们要用心去感受孩子成长的变化，来合理地引导孩子。好的教育是让自己的教育方式适应孩子，而不是让孩子来适应你的教育方式。也不要认为在孩子小时候你所给予的教育方式是正确的，毕竟那个时候的孩子很小，无法反抗和拒绝父母，而现在，长大的孩子已经懂得了如何说不，敢于违抗父母的意思了，而此时的家长突然不知道如何是好……

专家建议

的确，可怜天下父母心，所有的父母都认为自己爱孩子，但却不知道怎样教育孩子，一味地训斥孩子只会让孩子更加逆反，其实我们要从孩子的成长特点和心理变化着手，如果孩子总是和我们对着干，我们最好这样做：

建议1　把命令改为商量

父母不要对孩子的事情做出武断性决策，要尊重他："你是怎么认为的呢？你打算如何处理呢？你打算什么时候开始做呢？"当你知道他的观点、实施方法、实施时间后，进行判断，对不正确的部分要以研究探讨的语气和他交流："我认为那样做可能会出现不理想的状况，比如……你认为妈妈的意见对吗？"

孩子是聪明的，有判断力的。如果你的话有道理，孩子也是会采纳你的建议的。同时，交流会越来越多，亲子关系更好。

再比如，孩子想周末去朋友家玩，你可以和孩子商量，让其和更多的孩子去交往，但一定要讲究原则，比如你去的地方要告知家长，你什么时候回，都有哪些人，玩多长时间。如果孩子要求在朋友家住，你要告诉孩子不行，如果晚了，爸爸妈妈可以去接你。那样爸爸妈妈不会担心。支持他，同时也告知不能破坏原则。给孩子一个空间，让他自己去体验，去成长。家长永远是孩子的后盾，是支持者和帮助者，才不会让孩子离自己越

来越远，才会让孩子幸福快乐地成长。

以商量的方式去解决问题，即使商量失败，但感情氛围会增强，有利于以后的沟通。家长经常的错误是，当前问题没解决，还破坏了感情气氛，阻断了感情沟通，失去今后解决问题的机会。

建议2 不妨让孩子吃点"苦头"

这个阶段正是孩子形成主见的关键时期，小错肯定难免，所以，家长应该允许孩子犯一点错、吃点亏，不要过分束缚孩子的手脚。

举个很简单的例子，如果你的儿子"要风度不要温度"，寒冬腊月坚决不穿毛衣，如果商谈没成功，不用着急，让他挨冻一次没关系，真感冒了，他会明白你的意图，至少以后会考虑你的意见。

总之，在教育孩子这一问题上，支持要比压制好，商量要比命令好，另外，只要孩子的想法合理，就要给予支持！

二、让诚实守信代替孩子的撒谎成"性"

小东一直是个乖巧的孩子，可是，升入初中后的他居然挨了爸爸的一次打，这是怎么一回事呢？

那天下午，他的父母在观看画展时，巧遇小东的班主任江老师，和他谈起小东的学习，自然涉及刚刚考过的期中考试。江老师说："小东这次成绩不太理想，只考了第九名。"他爸爸说："听小东说，好像是第三名，从成绩上推算也应是第三名。"江老师肯定地说是第九名。

看完画展回家，他们问小东这是怎么回事，小东觉得纸包不住火，便把实情告诉了他父母。

第一章 了解孩子的心理特征：解析孩子的怪异行为

原来，在上个学期小东成绩是班内第一。入初二后由于学习松懈，参加活动过多，成绩有些下滑，期中考试仅名列班内第九。可能是由于虚荣心太强，或者怕爸爸、妈妈责怪，于是涂改了物理、地理、生物三科成绩，使总分列班内第三。小东的爸爸由于当时心情激动，狠狠打了小东，对他说："不管考第几名，爸爸、妈妈都不会责怪你，关键是你不诚实，用假成绩哄骗家长，实际上也是自欺欺人，这样的孩子将来怎么能有所成就？"

心理导读

涂改成绩对于成长期的孩子来说，涉及他们的人格塑造。

在中国伦理的范畴中，诚，本义为诚实不欺，真实无妄，它包含着对己、对人都要忠诚的双重内涵。诚信作为中华民族几千年积淀下来的传统美德，历来为人们所崇尚。而通常我们认为影响孩子诚信品质发展的因素主要有家庭、学校和社会三个方面。其中影响最大、持续时间最长的当属家庭教育。可见，如何改变孩子撒谎的习惯，使之成为一个诚实的人，教育孩子做诚实的人，是值得我们探讨的问题。

专家建议

那么，作为父母，我们该怎样教育初中阶段的孩子诚实守信呢？

建议1 父母要以身作则，不要撒谎

有这样一个笑话：一位爸爸教育孩子："孩子，千万别撒谎，撒谎最可耻。""好的，爸爸，我一定听您的。""哎哟，有人敲门，快说爸爸不在家。"试想，这样教育孩子，孩子能诚实吗？

美国著名心理学家大卫·艾尔金德认为：要想让孩子有教养，守道德，父母首先必须是一个品德高尚的人。作为父母，不要以为在孩子面前说的是一套，自己做的又是另外一套，而没有被孩子识破，孩子就会表现出诚信的行为。孩子的眼睛是真实的，他们往往会以实际为取舍。因此，

我们家长应时刻检点自己的言行，从日常生活中点点滴滴的小事做起，不要撒谎，只有这样，对孩子的诚信教育才会有实效。

建议2　父母要及时地肯定和鼓励孩子诚信的表现

孩子虽然在成长，但毕竟还小，思想和品德都未定型，我们应该抓紧实施诚信教育，时时事事处处都不放过，让他们从小获得一张人生的通行证——诚信。

人人都渴望被肯定，孩子也是这样。为了满足这种需要，他们在与他人交往的时候，一般都会勇于自我表现，善于自我表现，成人在这方面应该创造条件，给予他们积极的诱导。当孩子有了诚信表现之后，父母及时给予肯定，强化诚信的行为效果，不断加深诚信在孩子头脑的印象。日久天长，诚信习惯自然而然就会形成。

建议3　掌握批评的艺术，及时纠正孩子不诚实的行为

孩子说谎，家长往往非常生气："小小年纪，怎么学会了说谎？长大成人后岂不成了骗子！"家长为孩子的不诚实担心是有道理的，但在批评孩子的时候，是要讲究方法的。首先不要损伤孩子的自尊心。家长要弄清楚孩子不讲诚信的深层次原因，千万不可盲目地批评。在此基础上，还要及时对他进行单独的批评以便抑制不诚信行为继续发生。其次，要让孩子心服口服。不要用粗暴的方式来对待孩子，这无异于把他们推向不诚信的深渊，下次就会编出更大的谎言来骗你。

建议4　和孩子建立真诚和相互信任的关系

你要求孩子说话算数，你首先要说话算数。如果确实无法兑现对孩子的承诺，一定要向孩子解释原因。这样在孩子心里才能对诚信的重要性有一个深刻的印象和理解，也才会信任家长，有什么事、有什么想法都愿意告诉家长。

三、如何帮助孩子克服自私心理

心理导读

这两幕实在让人悲哀！为什么他们这么极端自私、冷酷无情？完全是被家长骄纵坏的！问题源于极度关爱、过分溺爱和无限纵容。这已经成为当今一些家庭的通病。有的父母娇惯孩子已经到了违背人伦常理的地步。

我们发现，生活中不少孩子有自私心理，他们只知有自己，不知有别人。他们以为自己的欲望都应该得到满足，无需感恩和回报；如果不满足，是当家长的错；至于别人，包括最亲近的父母亲、老师的需要，与他无关，他无须考虑。其实，凡是这种孩子，在他们家里无一不是唯一"核心"。有些父母一直用错误的方式爱着孩子，实行独生子女政策更加剧了这种趋势，于是，社会上出现一种奇怪却非常普遍的现象：孩子成了家里的所谓"小皇帝""小太阳"，家人都宠着他惯着他，在他们心中逐渐形成了自己是"家庭中心"的观念，这些自私的孩子都会有些人格的缺陷，甚至导致他人生的失败：他们因得不到某种满足而耿耿于怀，因此往往痛苦多于欢乐，怨恨多于感动；还可能因为极端自私和狭隘，而成为危害社会危害他人的危险人物。

专家建议

亡羊补牢，为时不晚。那么，家长具体应该怎样解决孩子的自私心理问题呢？

建议1　不要溺爱孩子

孩子吃独食，不愿与他人分享，是与爸爸妈妈的溺爱密切相关的。

很多爸爸妈妈出于对孩子的爱,把好吃的好玩的全让给孩子,孩子偶尔想让爸爸妈妈分享,爸爸妈妈在感动之余却常说:"我们不吃,你自己吃吧。"长此以往就强化了孩子的独享意识,他们理所当然地把好吃的、好玩的据为己有。

建议2　让孩子明白分享不是失去而是互利

孩子之所以不愿与人分享,是因为他觉得,分享就是失去。爸爸妈妈应该理解孩子这种难以割舍的"痛苦",并让孩子明白,分享其实不是失去,它是一种互利。分享体现了自己对别人的关心与帮助,自己与别人分享了,别人也会回报自己同样的关心与帮助,这样彼此关心、爱护、体贴,大家都会觉得温暖和快乐。

建议3　不能让孩子搞特殊化

在家庭生活中要形成一定的"公平"环境,这无疑对防止孩子滋长"独享"意识有积极的意义。爸爸妈妈还要教育孩子既看到自己也要想到别人,知道自己与其他成员是平等的关系,自己有愿望,别人也一样有愿望,好东西应该大家分享,不能只顾自己不顾别人。

建议4　给孩子分享的实践机会

经常让孩子与小朋友开展生动有趣的活动。孩子与小朋友们共同活动,共同分享活动的快乐。另外,应常创造孩子为爸爸妈妈服务的机会,如家里买了水果、糕点时,让孩子进行分配,如果孩子分配得合理,就及时表扬。

建议5　自己为孩子树立榜样

爸爸妈妈要做与人分享的模范,经常主动地关心帮助他人,如帮助孤寡老人、给灾区人民捐衣送物等。

无数事实说明:骄纵败子。不少人人生失败的原因,不在于别人,全是因为娇惯溺爱他的父母,因此,父母应该让孩子经历生活的磨炼,懂得感恩,懂得爱别人,让孩子拥有健全的人格,这是教育孩子的根本!

☆ 第一章
了解孩子的心理特征：解析孩子的怪异行为

四、如何让孩子改掉"贼"性

刘先生家境不错，儿子的零花钱也一直不缺，但最近，他却被叫到了警察局，原来是儿子偷东西了，为什么会这样呢？事情是这样的：

有一次，刘杰到好朋友小伟家去玩，发现小伟家有一架很逼真的玩具望远镜。刘杰想知道这架望远镜究竟能看多远，就向小伟请求借来玩玩，没想到小伟很小气，不答应。刘杰很生气，就想故意偷走这架望远镜，好让小伟着着急。果然，找不到望远镜的小伟像热锅上的蚂蚁，刘杰这下子得意了。

从那次之后，刘杰就产生了一种很奇怪的心理，他觉得偷别人的东西，能获得一种快感，班上很多同学的文具都被他偷过。而这次，他在逛超市时，因控制不住自己，从货架上偷拿一些并不贵重的物品，他刚准备把它们放在不易被发现的地方带回家，就被超市老板抓住了。

心理导读

像刘杰这样的青少年并不多，但却很有代表性。实际上，一些孩子偷别人的东西，并没有什么明显的目的，有时纯粹是为了给别人造成困难而获得快感。如盗窃经济价值不大的物品，有的只是把窃得的东西扔掉、损毁或随便送人，这些行为让父母很是头疼。

心理学家对那些有过偷盗行为的孩子进行了调查，他们发现，这些孩子多半都有一些共同的经历：学习压力大，和父母、老师关系不好，没有可以交心的朋友，喜欢上了一个异性却被拒绝。这些都让他们产生了想偷东西的念头。

如何把握孩子心理

其实，每个孩子都想成为同龄人中的佼佼者，成为爸妈、老师的骄傲，可事实上，不是每一个孩子都能做到，于是，他们感到自己被人忽视了，干脆沉沦堕落；也有一些孩子，成绩优秀，但每一次优秀成绩的取得，都是经历了心灵的煎熬，正因为他们备受瞩目，所以他们很累，于是，想放纵的想法就在心里蠢蠢欲动，他们更羡慕那些不用考试、不用面对老师和家长严肃面孔的男孩，很快，他们尝试着抛开一切，放松学习，放纵自己。

专家建议

孩子在进入学校学习后，都是聪慧的，但是他们也处于身心发展时期，他们的心理发展和生理发育往往不同步，具有半成熟、半幼稚、叛逆等特点。因而，在他们心理素质发展的关键阶段，应当引起父母者的重视，对不良行为的孩子既不能生硬批评，引发他们的叛逆情绪，也不能任其发展，让他们走入歧途。如果你的孩子有偷盗行为，在教育的过程中，你需要注意：

建议1　孩子有偷窃行为，绝不能打骂

孩子偷了东西，并不代表孩子就是真的"坏孩子"，更不能给孩子贴标签，但是绝不能放任不管。

为此，如果你确定孩子真的偷了东西，那么，首先要帮助孩子将事情的影响化到最小。有的家长认为只有"打"才是改正"偷窃"行为的最好对策。其实错了，打得厉害，疏远了父母与孩子之间的感情，他会感到更孤独，得不到家庭的温暖，甚至不敢回家，流浪在外，与社会上的浪子交往，被他们所利用，最后走入歧途，甚至会触犯法律受到制裁。

建议2　细心观察，防患于未然

日常生活中，我们一定要随时观察孩子的思想动向，如果孩子的零花钱突然多了我们一定要引起重视，因为这意味着你的孩子可能偷东西了。然后，我们要仔细排查可能出现的情况，不管运用什么方法，其目的只有

一个：动之以情，承认错误，但不能伤害他们的自尊心，如果事态的发展允许对他们的错误行为进行保密，那么，一定要坚守诺言。否则就失去了再一次教育他们的机会，他们再也不会相信你。

建议3　培养孩子的是非观点，让孩子知道偷东西可耻

也许你从前已经教育孩子要知道什么是是非，但孩子毕竟是孩子，他们极其容易受到影响甚至改变，因此，作为父母，我们一定要经常对孩子进行一些是非观念的培养，要让孩子知道偷东西是可耻的，也不允许同样的事再次发生。对这类孩子进行矫治，必须先从帮助他们形成正确的是非观念，增强是非感开始。

总之，如果你发现你的孩子偷了东西，切不可急躁，既要批评，又要耐心说服，使孩子受到教育，感到内疚，才会自觉改正！

五、如何培养出文明礼貌的"小绅士"

午休时间，爱听歌的王刚一边走路一边看手机上的歌词，耳朵里还塞着耳机，一边哼着歌一边摇着头，就这样，两人撞在一起。

姚亮斜睨了王刚一眼，怪声怪气地说："好狗不挡道。"

王刚瞪大眼睛，气愤地回应："你！没长眼啊？"

姚亮嗓门也很高："你才没长眼呢！"

王刚更是扯着嗓子喊："你眼瞎了啊！"

姚亮向前一步嚷："你才瞎了呢！"

两个人脸红脖子粗，谁也不肯道歉，最终动起手来，姚亮把王刚打伤了。看着受伤的王刚，姚亮后悔不已，吓得不知道该怎么办才好。老师

如何把握孩子心理

还把他的父母请到学校来了,姚亮的爸爸妈妈很通情达理,并没有指责儿子,看着委屈的儿子,他们反倒安慰起来。

"爸妈,我该怎么办呢?帮帮我吧!"

妈妈问姚亮:"孩子,你真的知道自己错了吗?以后再发生这样的事情你知道该怎么做吗?"姚亮忙不迭地点头。

"那你跟妈妈说说你该怎么做?"妈妈问姚亮。

"要注意礼貌,撞到别人,要说'对不起',而不是出口成脏。"姚亮对妈妈说,妈妈听完,高兴地点点头。

心理导读

姚亮和王刚之间引起矛盾并且最终大打出手,主要就是因为几句脏话,可见,是否文明礼貌直接关系到孩子的人际关系。

也许,在孩子还小的时候,无论是老师还是父母都嘱咐孩子要文明礼貌,不能讲脏话,但是随着孩子年纪的增长,转而把眼光都放在了孩子的学习上,而事实上,孩子是需要全面发展的,这也是素质教育的宗旨。要知道,一个满嘴脏话的人,无论是生活、工作还是学习,是无法获得他人的尊重的,也不易获得友谊和自信,因此往往缺乏幸福感。要想使孩子成长为有所作为的人,父母就应教孩子从小懂礼貌、讲文明。

专家建议

如果你的孩子总是说脏话,那么,你需要从以下几个方面来引导他:

建议1 分析脏话的内容,告诉孩子,说脏话是不对的

父母在听到自己的孩子说脏话时,不要显得惊慌失措,也不要气急败坏地责骂,更不能置之不理,要冷静,蹲下来,严肃而不凶悍,以和缓的语气和孩子说话。例如:

"孩子,你刚才说的那句话,用的词汇很不好,你知道我说的是哪个词汇吗?"

"你不能说这个词语,知道吗?"

"你是孩子,你说了,别人会说你不懂说话,说你学习不好,看不起你!"

"你愿意让别人看不起吗?"

"那么,你应该怎么说?说给妈妈听。"

"对啦!这样说才是好孩子。"

家长最难做到的就是"不生气"。你生气,孩子就听不进你说的话了。而另外一些家长则喜欢和孩子说大道理,让孩子不耐烦,反而失去教育的功效。

建议2 以身作则,杜绝孩子学习脏话的来源

生活中大多数情况是这样的,大人有时也会语出不雅,但都习以为常,不会觉得有什么异常。而脏话从孩子嘴里说出来,就特别刺耳,要是他们在大庭广众冒出些脏话,父母更是想找个地洞钻下去,其实,家长也应该拒绝脏话,这样,在家里建立互相监督的制度,如果父母不小心在孩子面前说了不文明的词句时,一定要向孩子承认错误,以加深他不能说脏话的印象。

建议3 教孩子一些初步的礼仪知识

家长应该从小教导孩子学习一些礼仪知识,这也是文明行为,包括见面或分手时打招呼、握手,与人交谈时眼神、体态和表情要体现出对对方的尊重,久而久之,孩子就会认识到说脏话是一种不礼貌的行为,就会努力改正。

总之,满嘴脏话是一种不良的行为习惯,是有失礼仪的表现,孩子不懂得尊重他人,在人际交往之中就会产生许多摩擦,也会失去许多朋友和机会,父母在关心孩子成绩的同时,绝不可忽视这一点。

…如何把握孩子心理

六、纠正孩子的任性和蛮横

老刘有个女儿，今年十岁了，这周周末，她要出去郊游。晚上，老刘就对只顾看电视的女儿说："女儿啊，先别看电视了，准备明天去郊游的东西吧，否则明天早晨又要手忙脚乱了。"女儿一边嗑瓜子，一边说："爸爸你可真啰唆，不就出去玩嘛，大包小包的干啥，一两天就回来了。"老刘就没再说什么，可是发现女儿换洗的袜子没带，帽子也没装进包里。于是，老刘的妻子过来告诉女儿忘记带袜子和帽子了，但任性的女儿却说："这么热的天，谁穿袜子，再说。戴个帽子好土，不带！"妻子还想帮女儿收拾，老刘却制止了她。

女儿郊游回来后，老刘问："玩得怎么样啊？"女儿说："很好啊。就是没袜子穿，脚老出汗，帽子也忘带了，我都晒黑了，下次可不能再这么丢三落四的了。"

老刘是位很聪明的父亲。他阻止了妻子的行为，就是要让女儿为自己的任性付出一点儿代价。

心理导读

很明显，故事中的家长所操心的问题是孩子太任性。所谓任性，是指一个人不顾客观环境和条件，自己想说什么就说什么，想做什么就做什么，不听从别人的劝告和阻拦，由着性子来。孩子的任性是一种不良性格特征的苗头，对孩子的成长很不利。而现代社会，很多父母误解了教育孩子就是满足孩子的一切要求，正是这种有求必应，让孩子形成了任性的坏毛病。

第一章
了解孩子的心理特征：解析孩子的怪异行为

孩子为什么任性呢？是家长的教育使然，有多少父母和祖辈，家中的"小公主""小皇帝"刚一哭闹耍性子，就心软了，就"投降"了，就百依百顺了。等到孩子已经"掌握"了任性这个要挟大人的"法宝"，知道任性可以"摆布"大人达到自己的目的，无休止地恶性发展下去，当父母想要克服孩子的仍性时，才发现自己已经教会了她任性。因此，克服孩子的任性，让孩子懂事乖巧，就必须从小开始。

专家建议

建议1 防患于未然

孩子的一些任性行为，是有规律可循的。父母可以在生活中多观察，看看孩子在什么情况下会产生任性的行为，下次再遇到这样的情况前，就可以先跟孩子沟通，先订好规则。比如，长辈容易惯着孩子，孩子只要跟爷爷奶奶在一起时就更任性，下次带孩子去长辈家时，就可以先对孩打打"预防针"，避免孩子任性。

建议2 说理引导

孩子有些要求是无理的或不能满足的，您应赶紧利用童话、故事等方式，给孩子讲清道理，这常常可以避免孩子任性。但一定要及时。

建议3 激励夸奖

孩子都有好胜心，都喜欢被父母夸奖和赞美，如果你的孩子还处于任性初期的话，小孩子好胜，我们可以通过正面激励的方法来帮助孩子转变，也可以通过反面激将法，故意说他"不能……"，可能他就会说"我能……"，并努力证明给你看，这样，能帮助孩子改掉任性的毛病。

建议4 注意转移

经常看到这样的情形：孩子非常任性地要做不该做的事，大人非要阻拦不可，但说也不听打也不行，一个要干，一个要拦，僵持不下局面尴尬。若恰在这时推门进来一个生人或发生一件新奇的事，孩子立刻被吸引过去，就不再任性了。这是因为他的注意转移了。孩子的注意力是容易转

移的。您可以在孩子出现任性行为时,利用当时的情境特点,设法把你孩子的注意力,转移到能吸引孩子的一些别的、新颖的事物上去。这一方法在任性初起时更灵。

建议5　不予理睬

在孩子任性地耍脾气时,您在料定没什么"安全问题"的情况下,就可以不去理睬他,听任他闹一阵子。等她不闹了再去说理。这种方法需要您一不要太性急,二不要心太软。

建议6　自我强化

比如,孩子不吃饭,拿不吃饭要挟大人。那么好,您就赶快收拾饭桌,让他好好饿一顿。这饿肚子的感觉就是最好的"惩罚"。又比如,没到穿裙子的季节孩子犯拧非穿不可,如果其他办法不管用了,那么就让孩子去穿,受凉挨冻就是最好的教育。采用这一方法,一是要确保后果对孩子身心没多大的伤害,二是大人要狠狠心。

总之,孩子的懂事并不是天生的,需要家长的长期引导,改掉孩子任性的坏毛病,对于孩子的任性,不能太过于迁就,不能让孩子得寸进尺。

七、充分利用孩子调皮好动的天性

5岁的小娟对于其他同龄的女孩来说,显得格外活泼好动。周末,妈妈带她到公园去玩。妈妈在前面走着,一边轻声和女儿交谈着,可是一回头却发现小家伙不见了,妈妈急忙四处寻找,发现在不远处的草地上,小娟正趴在地上,专注地玩什么东西。

妈妈悬着的一颗心落了下来,她悄悄地走到小娟背后,发现小家伙正

☆ 第一章
了解孩子的心理特征：解析孩子的怪异行为

专心致志地用一只草棍拨弄着一只小蚂蚁，翻来覆去，仔细观察蚂蚁的每个动作。"宝宝，你在干什么？"妈妈问。"妈妈，我正玩小蚂蚁。"小娟连头也没回，妈妈受到了启发，这是孩子好奇心的表现。

回家后，妈妈给小娟买了一只玩具小鸟、它会叫、会飞。小娟高兴极了，爱不释手，她专心致志地观察小鸟的各种动作。第二天，当妈妈下班回家，却发现女儿正动手拆玩具鸟，桌子上已经有了几个小零件。见妈妈来了，小娟显得有些害怕。妈妈故意板着脸问："你怎么把玩具给拆开了？"小娟怯生生地说："我只是想看看它肚子里有什么，为啥会拍翅膀、会叫。"

妈妈很高兴，她相信：会玩的孩子才能会学，她必须抓住这个时机，培养孩子的智力。于是，她鼓励女儿说："宝贝，你做的对，应该知道它为啥会拍翅膀。"听了妈妈的鼓励，小娟高兴极了。不一会儿就把玩具鸟给拆开了，并对里面的结构观察起来。

心理导读

小娟妈妈做的对，会玩的孩子才会学，活泼也是一种气质，每一个活泼好动的孩子，总是具有敏锐的观察力、想象力和思考力，而这些是成才的关键。

生活中的不少父母可能认为自己的孩子很调皮，总是给你惹麻烦。有时他还很固执，不听你的话。其实，只要你合理引导，你很有可能会找到孩子的天赋所在。

有位母亲产生了这样的疑问："当我女儿在桌上不断地用手指比划着想象在练琴时，如果我们真的向他提供一架钢琴，这到底是件好事还是件坏事？假如我们这样做了，孩子的想象力就得不到应有的锻炼了……"

这个母亲的担心的确有一定道理，然而还是应该为女孩提供真正的钢琴。因为孩子的这一想象中的需求如果得不到满足，他的想象力一样受到限制，就会在这一点上停留过久。如果他拥有了梦寐以求的东西，就会得

到及时的训练，提高自己的能力，甚至想象自己已经成了一名伟大的音乐大师。很多音乐家就是这样成长的。永远不要担心孩子的想象力会穷尽，因为一个想象的满足，会激发更新更高的想象。

专家建议

对于孩子活泼好动的行为，我们父母可以这样引导：

建议1　理解孩子调皮好动的行为

很多孩子调皮捣蛋，父母带他出去玩，他总是喜欢做一些危险动作，比如登高、从高处往下跳。父母因为担心他的安全而制止他们的行为。

在中国传统的教育理念中，认为孩子好静更好，甚至总是约束孩子的一些行为。其实，孩子是需要自由空间的，需要有广阔的天地来让他们成长，因此，对于孩子那些活泼好动的行为，我们不必强加干涉，只需要做到保护他的安全，要知道，孩子在奔跑、跳跃、攀爬这些活动中，更易获得健康的身体，也更易活跃大脑。

建议2　尊重孩子的喜好

不少父母为了培养孩子，总是不停地为自己的孩子安排各种培训班，企图让孩子掌握各种技能，备战竞争激烈的未来。这样的做法似乎无可厚非。但是，所有的家长都忽略了一点，那就是埋没了孩子活泼的天性，孩子活泼的童年失去了，孩子天真的脸上没有了笑脸，取而代之的是，是厚厚的眼镜，是被紧张学习压迫的苦闷的脸。

其实，正确地培养孩子，就应该根据孩子的天性来培养。然而，不少情况下，父母的培养却是对孩子成长的阻碍：父母命令他去做这做那，把学习当作任务要他去完成，甚至为此去羞辱、责骂，让他战战兢兢地去做。其实，这样做的结果很可能是既让孩子对学习感到厌倦，同时还毁掉了其实应有的气质，使他变得木呆呆、混混沌沌、行动迟缓。

所以，只有建立在尊重孩子天性基础上的教育才是有效的，才能挖掘出孩子的潜能，才能让孩子健康、快乐地成长。

八、如何让霸道的孩子收敛"霸性"

月月虽然是个女孩,但却不像别的女孩那样讨人喜欢,她在班上是个不受小朋友欢迎的孩子,她简直就是班上的"捣乱大王":老师让小朋友们排队离开教室时,她在地板上爬来滚去地疯;小朋友们聚精会神听老师讲故事时,她推推左边的同伴、拍拍右边的同伴,不停地捣乱;游戏的时候,月月又很霸道,她喜欢的玩具就要独占,不让其他小朋友碰……

有一次,小朋友们在玩开火车的游戏,一个小朋友当火车头,由"火车头"邀请其他小朋友上火车,小朋友们在老师的钢琴伴奏下,骑在小板凳上"咔嚓咔嚓"一起前进。开火车游戏是小朋友们都爱玩的游戏,但是每次玩的时候,不管谁当火车头,都不会邀请月月上车。看着其他小朋友兴高采烈地开着小火车,坐在一边的月月显得特别孤独……

心理导读

小朋友们都不愿把月月当成自己的好朋友,不邀请月月上自己的小火车,显然,月月成了班级团体里不受欢迎的人物。因为她捣乱、淘气、霸道,小朋友都躲开他,避免被她干扰或被别的小朋友认为是属于月月一类的人。其实,月月这样的孩子,在同伴群体里不受欢迎的地位一旦形成,几年时间内这种地位都难以改变。她属于性格外向、活动水平较高的一类孩子,也就是说,她比较喜欢动而很少对安静型的活动感兴趣。所以,在要求安静的活动中,她容易出现"捣乱"行为。而对于集体生活的一些规则,比如排队、保持安静等,月月接受起来有些困难,这就和他们的家庭

环境和父母的教育方式有关了。

其实,这样的状况对于成长中的孩子来说是危险的,每个孩子都希望有一种自我价值感和归属感,这是她们不断努力和奋进的动力,但周围同伴的隔离使得这些孩子变得内心孤单,长此以往,会阻碍孩子交到真心的朋友,也会阻碍孩子良好的人际关系的形成。

现在的孩子,在家里基本过着"一个中心"的生活,这容易养成孩子以自我为中心的行为习惯,所以会给别人留下霸道的印象。

专家建议

那么,怎样才能让孩子改掉霸道的不良行为习惯呢?

建议1　为孩子营造和善、友爱的家庭氛围

"你滚吧!想去哪里就去哪里!"这是家庭冲突爆发时,家长对孩子常说的一句话,父母与子女双方都摆出唇枪舌剑,互不相让。久而久之,孩子也养成了霸道的个性,这更是孩子诸多坏心态的来源,消极、悲观、自卑、浮躁、骄傲、自大、贪婪、偏执、嫉妒、仇恨等,它们就恰似愁云惨雾的阴霾,浓烟滚滚的烈焰,消磨孩子们的意志,炙烤孩子们的心魂。

而相反,相互关爱的家庭,孩子会多一份责任感,会体会到家长的艰辛,这样的孩子往往是积极向上的,也更懂得体贴他人,自然不会霸道。

建议2　告诉孩子要懂得分享

谦让是中华民族的美德,大多数父母也都明白一个道理,即孩子最终要走向社会,要在群体中生活。与人分享,才能得到别人的信任、支持和尊重,因此,父母们希望自己的孩子学会与人分享,养成慷慨、大方、谦让的美德。

实际上,由于家庭教育的缺失,尤其是父母的溺爱,很多孩子自私自利,不愿意与人分享,这对孩子成为一个合格的社会人是极为不利的。在现实生活中,自私、不愿意与人分享的孩子并不少见。这虽然不是什么大毛病,但如果是一个什么都不愿与他人分享,霸道的人,是很难与他人形成良好的人际关系的。所以，从小克服孩子的自私，培养孩子与他人分享的意识很重要。

建议3　鼓励孩子大胆交朋友

友谊是每个孩子童年的重要组成部分。对孩子来说，结交朋友似乎是这个世界上最自然不过的事情。在交朋友的过程中，孩子也能认识到自身的缺点，也能懂得从朋友的角度来思考问题，进而逐步克服霸道的缺点。

总之，我们要让孩子明白，友谊是一笔宝贵的财富，而要获得友谊就要懂得从他人角度考虑，就不能霸道，这样，你的孩子会一生受益无穷！

第一章

关注孩子的不良情绪：维护孩子的心理健康

我们知道，积极的情绪体验能够激发人体的潜能，使其保持旺盛的体力和精力，维护心理健康；消极的情绪体验只能使人意志消沉，有害身心健康，甚至会导致了严重的心理问题。对于我们的孩子来说也是如此。然而，随着孩子逐渐长大，很多父母知道为孩子增加丰富的食物营养，却不太注意这个时期的孩子内心世界的变化和需要，对于孩子多变的情绪，也无从理解，这导致的最终与自己的距离越来越远，也会很容易产生父母子女关系的对抗，很多孩子发出感叹："为什么爸妈不理解我？"为此，我们父母要明白，孩子毕竟是孩子，我们要帮助孩子认识并控制自己的情绪，只有这样，我们的孩子才能始终保持稳定的情绪！

一、帮助孩子疏通心里的烦恼

这天，儿子放学回家，进门就嚷："妈，从明天开始，我不去学校了，你别劝我！"

如果平时孩子的爸爸在家，一定要严厉地训斥他。但妈妈却是个温和的人，她知道儿子肯定是受了什么委屈。

"为什么不去呢？"

"没什么，感觉不大舒服。"

"不舒服，哪里不舒服？怎么不早点请假回来呢？"

"不想耽误学习啊，你别问了，反正我不去。"其实，妈妈是聪明的，儿子说话这么有力气，怎么会身体不舒服，一定另有隐情。

"可是，今天不舒服，明天不一定不舒服啊，要不，妈妈带你去医院吧。"妈妈在说这话的时候，故意露出一点笑容，儿子明白，妈妈看出端倪了，于是，他只好说："妈，你儿子是不是很没用啊？"

"怎么这么说，我儿子一直是最棒的，有最棒的体格，最棒的学习接受能力，待人温和，还疼妈妈。"

听到妈妈这么说，儿子笑了，主动招出了今天遇到的事："妈，今天老师叫我们写一篇作文，我拼错了一个字，老师就嘲笑了我一番，结果同学们都笑我，真没面子！"

此时，妈妈没有说话，只是搂着伤心的儿子。儿子沉默了几分钟，从妈妈怀中站了起来，平静地说："谢谢你听我说这些事，我要去公园了，同学们还等着我呢。"

☆ 第二章
关注孩子的不良情绪：维护孩子的心理健康

心理导读

从这个故事中，我们看到一对母子间的和谐关系。可见，亲子关系和谐的家庭，父母一定是懂得随时关注孩子的情绪的，当孩子出现了烦恼时，他们总是能成为孩子的知心朋友。

作为父母，我们也知道，学生最主要的任务就是学习。孩子在小的时候是无忧无虑、天真无邪的，进入学校学习后，他们有了学习任务，尤其是进入中学的孩子，学习任务急剧加重。并且，他们的身体在急剧地成长，他们的情绪、心理都随之发生了很大的变化，他们认为自己已经是成人，这都让他们产生很多的烦恼而如果不理解孩子，总是认为孩子封闭内心是孩子的错，或者用粗暴的方式干涉，那么，只能让孩子更疏离你。

专家建议

要帮助孩子疏解成长中的烦恼，我们一定要体谅孩子的情绪，让孩子畅所欲言。具体来说，家长要做到：

建议1 理解、信任你的孩子，查找孩子烦恼产生的原因

可怜天下父母心，很每个父母都是爱孩子的，但可是教育的结果却完全不同，为什么有的家长能跟孩子和谐相处，情同知己，有的却水火不容、形同陌路。这就是教育方法的不同所带来的，作为父母，首先就要了解你的孩子，关注孩子的成长过程，你要了解孩子烦恼产生的来源，只有这样，才能对症下药，帮助孩子解决烦恼。

建议2 适当"讨好"一下你的孩子，缩短彼此间的心理距离

当然，这里的"讨好"并不具备任何功利的目的，而是为了加强亲子关系，父母亲应该偶尔赞扬一下你的孩子，或者带孩子出去散散心等，让孩子感受到家庭的温暖，彼此间的心理距离就拉近了。那么，孩子自然愿意向你倾诉了。

建议3　不要总是压制孩子表达自己的想法

任何父母，都希望自己的孩子把自己当朋友，对自己倾吐成长中的烦恼与快乐，然而，孩子越大越难与他们沟通？这是很多父母共同的感受。这是由什么造成的呢？其实，孩子也想对父母说实话，只是很多父母总是端着家长的架子，甚至压制孩子的想法，孩子又怎么愿意与你沟通呢？因此，聪明的父母都会引导孩子发表自己的意见，让孩子畅所欲言。

建议4　尊重孩子，平等交流

家长要学会跟孩子聊天，不要认为孩子的世界很幼稚，对孩子的话题不感兴趣，不论孩子说什么，最好表现出很感兴趣，这样孩子才有跟你交谈的欲望。

望子成龙、望女成凤的家长们，在日常生活中，如果你发现你的孩子满脸愁容，那么你就要考虑下自己的孩子是否在为某件事烦心，此时，你要从理解孩子，尊重孩子的角度，做孩子的朋友，或许他会对你敞开心扉！

二、教孩子平息怒气

一天，欧太太正上着班，就被儿子老师的一个电话叫到学校，原来是儿子在学校闯祸了，可是令她不解的是，儿子一直很乖，连和人大声说句话都不敢，怎么会闯祸呢？

匆匆忙忙赶到学校，才问清楚情况：原来是班上有些男生挑事，说欧太太的儿子小强是"胆小鬼"。老师告诉欧太太，班上传言，小强喜欢某个女生，但一直不敢说，这些男生知道后，就拿这件事嘲笑小强。而小强则因为这件事很生气，于是大打出手，身材高大的他把这几个男生都打得

鼻青脸肿。

"我的孩子怎么了？"欧太太很是不解。

心理导读

一向乖巧的小强怎么会突然这么容易被激怒而向同学大打出手？日常生活中，如果我们被人叫作"胆小鬼"，兴许我们会生气，但绝不会太过情绪激动而做出一些伤人害己的事。

当然，案例中，很明显，小强出手打人还因为其内心承受能力差，当同学嘲笑其是胆小鬼时，一时激动的他便控制不住自己的情绪。

其实，心理承受能力关乎一个青春期孩子的成长状况，一个心理承受力强的孩子，情绪稳定，意志顽强，积极进取，他敢于冒险，乐于尝试新鲜陌生的领域，面对挫折和变化也能保持乐观，百折不挠，越战越勇。而一个心理承受力弱的孩子，会表现得退缩，耐性差，懦弱，焦虑和自卑，面对困难他缺乏坚持，面对自己不熟悉不擅长的领域，他宁可不做，因为不做就不会输。北京大学儿童青少年卫生研究所最新公布的《中学生自杀现象调查分析报告》显示：中学生5个人中就有一个人曾经考虑过自杀，占样本总数的20.4%，而为自杀做过计划的占6.5%。其根源都与心理承受力有关。

我们的孩子将来会生活在一个更多变化的社会，他们将会面对职场的激烈竞争，复杂的人际关系，也免不了一生中遭遇情场失意，事业困境，生意败北……总有一天，我们要先我们的孩子而去，不如早点把世界交到他们手中。他的心理承受能力，直接关系到他的人生是否幸福。

因此，帮助青春期孩子疏导情绪，强化孩子的心理承受能力，是父母给予孩子受益一生的珍贵礼物。

专家建议

建议1 告诉男孩发火前长吁三口气

你要告诉孩子孩："发火前长吁三口气。"事实上，很多事情都没有完美想象得那么严重。如果不学着控制自己的情绪,任着性子大发脾气,不仅解决不了问题,还会伤了和气。

建议2　告诫孩子学会正确地宣泄自己的情绪

孩子毕竟是孩子,他们的心理是脆弱的、敏感的、容易受伤的,他们也会悲伤沮丧,此时,你可以告诉他,不妨哭出声来。你要告诉他,一个坚强的人并不是始终不能哭,在过度痛苦和悲伤时,哭也不失为一种排解不良情绪的有效办法。哭不仅可以释放身体内的毒素,还能释放能量,调整机体平衡。在亲人和挚友面前痛哭,是一种真实感情的爆发,大哭一场,痛苦和悲伤的情绪就减少了许多,心情就会痛快多了。流眼泪并非懦弱的表示。所以你可以告诉男孩,你该哭当哭,该笑当笑,但要把握好一个度,否则会走向反面。

建议3　"事件"结束后,帮助孩子正确梳理情绪

等"事件"结束,心情基本平定的后,再帮助孩子做自我反省,就能较理性、客观地看待分析;反省的另一层意义是,再一次经历当时的情绪波动,但脱离了"现场",那么情绪压力再一次释放的同时也得到缓解。

总之,孩子的心理承受能力与我们大人不同,一些小事都可能引起他们的过激行为。我们要在平时管教孩子时,多注意他们的心理健康教育,并帮助孩子认识自己的情绪、管理自己的情绪,让其保持稳定的心境!

三、别让挫折打垮孩子

印度前总理甘地夫人,不仅是一位非常杰出的政治领袖,更是一位好母亲、好老师。在她教育儿子拉吉夫的过程中,曾有这样一次经历:

☆ 第二章
关注孩子的不良情绪：维护孩子的心理健康

在拉吉夫12岁的时候，他生了一场大病，医生建议他做手术。手术前，医生和甘地夫人商量术前的一些事，医生认为可以通过说一些安慰的话来让拉吉夫轻松面对手术，比如，可以告诉拉吉夫"手术并不痛苦，也不用害怕"等。然而，甘地夫人却认为，拉吉夫已经12岁了，应该学会独立面对了。于是，当拉吉夫被推进手术室前，她告诉拉吉夫："可爱的小拉吉夫，手术后你有几天会相当痛苦，这种痛苦是谁也不能代替的，哭泣或喊叫都不能减轻痛苦，可能还会引起头痛，所以，你必须勇敢地承受它。"

手术后，拉吉夫没有哭，也没有叫苦，他勇敢地忍受了这一切。

心理导读

关于孩子的教育，甘地夫人有自己的心得，她认为，生活本来就不是一帆风顺的，有阳光就有阴霾，孩子在成长的过程中，有快乐，也就会有坎坷。而一个个性健全的孩子就是要接受生活赐予的种种，这样，才能从容不迫地应对未来生活的各种变化。这就是人们常说的甘地夫人法则。

同样，对于人格、品质都处于形成期的孩子来说，挫折教育也必不可少。我们对孩子的期望有多大，希望孩子将来从事什么样的职业，现下我们都应该帮助孩子学会如何面对挫折和困难，而不应该一味地宠溺孩子，不让孩子经受一点风浪，这看似是爱孩子，实际上是害孩子，只能让他们长大后陷于平庸和无能。

然而，我们不得不承认，现在的青少年的心理承受能力越来越差。在学习方面，过分注重自己的学习成绩，一次考试成绩不理想就会使自己伤心很久，甚至出现厌学的倾向；在人际关系方面，害怕别人拒绝自己，不知道怎么与人相处，同学之间的一点小矛盾会感到束手无策，从而使自己心神不宁，学习退步；受到家长和老师的一点点批评就会使他们离家、离校出走等，以上的种种都是孩子输不起的表现。

然而，这些问题，"病"在儿女，"根"在父母。父母对孩子过多的照顾和过度的保护，使孩子无法得到磨炼，没有经受困难与挫折的心理准备和能力。表面上看，这些孩子个性十足，其实内心里十分脆弱，就像剥离的蛋壳，稍一用力，就成了碎片。

专家建议

为此，我们父母在生活中培养孩子的抗挫折能力很有必要，为此，我们需要从以下几个方面努力：

建议1　父母的心态影响到孩子的心态

作为父母，我们也是孩子的老师。父母如何对待人生的挫折，首先是对父母人生态度的一个考验，其次是对孩子有何种影响。

如果我们在挫折面前积极乐观，把挫折看成一个人生的新契机，那么孩子在我们家长的影响下，也会直面人生的各种挫折，以积极的心态去迎接各种挑战。反过来，如果我们在挫折面前消极悲观，回避现实，那么只能降低自己在孩子心目中的威信，更不利于教育孩子正视挫折。

建议2　放手让孩子自己去经历挫折，而不是包办孩子的一切

人生之路，谁都不会事事顺心，有掌声也有挫折，有阳光明媚，也有风雨交加。人往往挫折坎坷比平坦之路更多。我们的孩子还小，将来还要面对复杂多变的社会，所以，我们要从小让孩子学着面对逆境和挫折，绝不能替孩子包办一切，让其失去锻炼机会。

建议3　鼓励孩子勇敢面对

孩子在任何时候，都需要父母的支持，挫折发生时，鼓励孩子冷静分析，沉着应对，找到解决挫折的有效办法。平常和孩子一起探索战胜挫折、克服消极心理的有效方法，帮助孩子进行自我排解，自我疏导，从而将消极情绪转化为积极情绪，增添战胜挫折的勇气。在父母鼓励下战胜挫折的女孩，定能学会抵抗挫折，她们就会成为一个在人生路上不断前行的勇者。

总之，作为父母，要让孩子明白，人生路上，免不了挫折着如果我们希望孩子能在未来社会独当一面，能成为一个敢于面对逆境和挫折的人，就要让孩子从现在开始就从容面对，而不是无奈逃避。让孩子明白挫折是生活的一部分，学会正确地看待挫折，孩子才能更快地成长、成熟，将来才会更好地把握自己的人生！

四、别让消极占据孩子的内心

市里最近要举办一个青少年小提琴大赛，黄女士听到这个消息后，就给女儿报了名，她相信，女儿一定能拿到奖项，因为女儿从小拉琴，一直是学校最好的文艺生。但奇怪的是，就在比赛即将开始的前一天晚上，女儿对黄女士说："妈妈，我不想参加了。"

"为什么？"

"因为我知道我肯定会让你丢脸，还不如不参加。"

"你怎么这么不自信？"黄女士有点生气了。

"因为你经常说我没用，如果这次没拿奖，你肯定又会这么说。"听完女儿的话，黄女士若有所思，难道都是我的错？

心理导读

很多人会问："对人一生产生影响力的因素中，谁的作用最大？"毋庸置疑一定是父母。这个案例再次证明了这一点：为什么黄女士的女儿面对比赛十分消极？黄女士经常否定性的暗示让女儿认为自己"一定做不到"。有美国情感纪录片显示，一位父亲无意中的一句话，不仅影响了其女儿在青春期的审美观形成，还直接影响其婚姻质量。上海青少年心理研究所专家支招：无论是表扬还是批评，父母一定要选择得当的话语，其作用可能真的影响孩子一辈子。

孩子毕竟是孩子，他们会不自信、胆怯甚至自我否定，可以说，都和家庭教育有一定的关联。常常听到家长说："你看某某的学习多么自觉，从来不要父母操心的，你为什么就这么让人不省心。我想了好多办法，花了大价钱请了家教，你的成绩怎么还是上不去？"亲子关系研究者认为，即便是出于事实的抱怨，家长的态度会让孩子相当敏感。久而久之，他们便会认为自己"真的没用"，或者变得消极、胆怯等。

有少数孩子能在打击中越挫越勇，最后建立优秀品质，但是大部分孩子可能都达不到我们想要获得的目的，长期接受父母未过滤、筛选的直白抱怨，尤其是针对自己的这些消极评价，对于培养他们的自信心和自尊心，有点强人所难。一位心理医生非常痛心地讲述他碰到的现象："很多家长为了孩子的问题来找我，当他们绘声绘色地描述着孩子的不良行为时，孩子就站在旁边听着！"这就是很多孩子不自信的原因所在，家长也许可以尝试一下，别时刻摆出一副居高临下的姿态嘲笑或教训孩子，不要小看这些，自信的基石就是这样奠定的。

那么，作为家长，该如何帮助孩子正确认识自我、树立自信、变得勇敢积极呢？

专家建议

建议1 注意你的教育语言

绝对不能对孩子使用的措辞：

"你太笨了。"这句话太伤害孩子自尊了，孩子会按照父母的语言来做自我评估，这样一句话很可能会让孩子变得敏感、自卑、孤僻。

"你为什么就不能够像谁谁。"孩子最讨厌被对比，这是对他们的最大的否定。

"你真不懂事。"本来还在做事就自信不足,需要你的鼓励,但这样一句话反而让孩子更加怯懦了。

……

建议2　可以将批评与肯定结合起来

"你平时的作文写得还不错,可这次的作文却不怎么好。"或"如果你再写上几篇这么糟糕的作文,你的语文就别想得到'良'。"虽然这两个批评所表达的意思是一样的,但前者却比后者易于被人接受。

当孩子缺乏信心或失去信心时,父母可以适时对他说"嗯!做得不错。"或"想必你已用心去做了!"等表示支持的慰语,就是所谓前段的"感化",最后再鼓励他:"如果能再稍微注意一点,相信下次可以做得更好。"这种积极有建设性的检讨态度,才能使孩子不断进步,更加有自信心去与父母沟通问题,重要的是目标具体明确。

建议3　帮助孩子找到长处

家长应该永远是孩子的坚强后盾,当孩子遭受失败时,我们有责任鼓励他,教会他怎么应付困难。告诉孩子,任何人都有长处和短处,只知道自己的短处而不懂发挥长处是极其不利的。

有些孩子有音乐天赋,有些孩子会绘画,有些孩子能言善辩。干什么并不重要,重要的是如果孩子喜欢,不妨鼓励他发展,谁说爱好不能成为技能呢?为什么这些会重要?因为专注或擅长一件事情能帮助孩子建立自信。

自信对于孩子智力发展影响很大,可是很多孩子在一刀切的教育模式下,在人生刚刚起步的阶段,就已经丧失了自信心。因此,作为父母,我们一定要引起重视,帮助重建信心,正视自己,如此孩子的智力与自信心才能完全的成长。

五、让孩子学会适当排解不良情绪

刘太太是个细心的人,她发现女儿最近好像有点不太一样。在一个周末,还和小时候一样,母女俩又来到公园跑步,累下来休息的时候,刘太太对小菲说:"能跟妈妈说说你最近怎么了吗?"

"我们班那个同学,竟然在我背后说我坏话,说的很难听,我又没有对不起她。有一天,我去卫生间,结果她正和几个女生在里面嘀咕,恰好都被我听到了,我就跟她吵了一架,我实在忍无可忍了。"

"那的确是她不对,但小菲,你想想,你这样一天闷闷不乐的,不仅影响学习,对自己身体也不好啊。不妨发泄一下,然后和那同学谈谈,只要她承认自己不对,你们还是朋友啊。"

"那怎么发泄呢?"

"当人际交往中遇到不顺的事时,你应该暂时停止学习,因为这时候学习是没有效率的,心事还会郁结。不妨放松一下,有一些小窍门会起到立竿见影的效果,如深呼吸、绷紧肌肉然后放松、回忆美好的经历、想象大自然美景等,还可以去上网、爬山、聊天、听广播、看电视甚至蒙头大睡,这样既可以暂时转移注意力,也可以缓解大脑的缺氧状态,提高记忆力。这些方法都可以释放内心的不快。事实上,没有一个人是绝对受欢迎的,你不必太在意的。"

"谢谢妈妈,我知道该怎么做了。"

果然,小菲又和以前一样,脸上总挂着笑脸,学习也有劲儿了。

第二章 关注孩子的不良情绪：维护孩子的心理健康

心理导读

的确，在孩子和周围人相处和交往的过程中，难免发生一些不快，产生一些不良情绪。这些不良情绪，一定要找一个发泄的出口，否则，很容易影响身心健康。

专家建议

人在精神压抑的时候，如果不寻找发泄机会宣泄情绪，会导致身心受到损害。所以，家长不妨引导孩子采取以下方法发泄自己的情绪：

建议1　宣泄法

比如，在孩子盛怒时，让他赶快跑到其他地方，或找个体力活来干，或者干脆让他跑一圈，这样就能把因盛怒激发出来的能量释放出来；

建议2　倾诉法

当你的孩子心情压抑时，你可以鼓励他倾诉出来。的确，从孩子的角度看，很多时候，让他们困扰的问题在别人看来，根本不是什么严重的事，而这就需要别人的指点，毕竟不同的人对待不同的事情的看法是不同的，对亲近。你可以鼓励孩子向父母、向朋友或者像其他任何他可以信任的人倾诉。

建议3　转移法

同时，如果孩子不高兴或是遇到了挫折，你可以把他的注意力转移到其他活动上去。例如：当男孩在厨房里吵闹着要玩小刀时，妈妈会把她带到一水池的肥皂泡面前分散她的注意，她很快会安静下来。另外，场景的迅速改变也能达到同样的目的——安静地把孩子从厨房带到房间里去，那里有许多吸引她注意的东西，玩具恐龙、图书都可以让他忘记刚才的不愉快。

再比如，心情不快的时候，也可以让孩子投身大自然中，怡情自然，从而忘掉烦恼。

大自然的景色，能扩大胸怀，愉悦身心，陶冶情操。当孩子融入大自然后，他会发现自然的雄伟，一切不愉快在自然面前度显得渺小，他的心情自然会好很多。到大自然中去走一走，对于调节人的心理活动有很好的效果。

当然，让孩子发泄自己的情绪，并不意味着家长可以忽视孩子那些不正确的行为。过激的情绪，甚至消极情绪都是生活中很平常的，但是伤害和破坏性的行为是绝对不被允许和容忍的。

其实，情绪无所谓对错，只有表现的方式是否能被人接受。家长在教育孩子的时候，一定要接受孩子的多面性情绪，引导孩子把消极情绪可以转化为积极情绪，唯有正视情绪表达的所有面貌，健康的情绪发展才有可能，唯有能够驾驭自己情绪的孩子，才能够成为有自我控制力的孩子！

六、别和青春期的孩子较劲

场景一：

上初三的儿子染起了黄头发。

父亲："谁允许你染头发的？你照照镜子，活脱脱一个小流氓，明天不染回来就不许进家门！"

儿子："我就是喜欢，为什么要听你们的？"

父亲："我是你爸，我就要管你。不管成什么样子了。"

儿子："有什么了不起，你就会对我发脾气……"

一场父子之间的战争开始了。

场景二：

妈妈："儿子，妈妈想跟你谈谈可以吗？"

儿子："什么事？"

妈妈："妈妈知道你最近交了几个朋友，他们对你也很好，但是他们毕竟是社会青年，不像你那么单纯，妈妈不阻止你跟他们来往，但妈妈希望你能多留点心，保护好自己。"

儿子："嗯，谢谢妈妈提醒，我明白，我会跟他们保持距离。"

心理导读

以上两个案例中的场景，相信不少家长都遇到过。很明显，案例二中的母亲的做法才是正确的。青春期的孩子大多是叛逆的，如果我们不注意与他们沟通的方式，那么，很容易造成亲子间的沟通障碍，甚至产生矛盾。

不少父母发现，当孩子到了青春期后，好像总是故意和自己作对似的，总和自己唱反调。很多父母感叹："我让他往东，他就是往西。""我说的话，他就没有听过。"的确，青春期正是叛逆期，与叛逆期的孩子沟通是很多父母头疼的问题。

孩子在进入青春期之后，随着身体的成长和发育，他们的思维也日渐成熟，他们不再是从前那个对父母的话言听计从的孩子，他们开始有了自己的想法，开始思考人生，对于成长过程中的一些问题，他们更是困惑不已，然而，为了证明自己已经长大，他们更不愿意将心底的话告诉父母，甚至讨厌父母的关心和管教，甚至开始反抗父母，对家长的建议不加思考地一律做否定回答。这就是叛逆！

所以，大部分青春期的孩子都认为，认为长大的孩子，就不应该再听父母的话了，认为这是一种不成熟和没长大的表现，对此，家长一定不能和孩子较劲，而要加以引导，让孩子正确认识是否该听父母话。

如何把握孩子心理

专家建议

作为父母,在教育青春期的孩子时,一定不要和他们较劲,为此,有几点建议:

建议1 不要让孩子盲目听话

童话大王郑渊洁说他从来没有对自己的孩子高声说过一句话,也从来没有说过"你要听话","因为我觉得把孩子往听话了培养那不是培养奴才吗?"因此,对于孩子的不听话原因,你不妨告诉孩子:"爸妈并不是要你盲目地听我们所说的每一句话,什么都听话的孩子就是庸才。"这样说,会很容易让孩子感受到父母对自己的理解。

建议2 鼓励你的孩子有自己的思维方式

你不妨告诉孩子这样一个故事:

一位幼儿教育专家到国外看到一个幼儿用蓝色笔画了一个"大苹果",老师走过来说:"嗯,画得好!"孩子高兴极了。这时中国专家问教师:"他用蓝色画苹果,你怎么不纠正?"那个教师说:"我为什么要纠正呢?也许他以后真的能培育出蓝色的苹果呢!"

其实外国教师或家长这样容忍孩子"不听话"是有道理的,它可以保护孩子的想象力,激发孩子的创造力。

同样,青春期的孩子,他们也有自己独特的思维,作为家长的我们,如果用成人的思维方式对他们粗暴地干涉,就会扼杀他们的想象力和创造力。

建议3 给孩子一个行为标准

这个行为标准的制订必须是在和孩子已经站在统一战线的前提条件下,也就是孩子认可有时候父母的话是正确的。

此时,你应该告诉孩子一个原则,一个标准。在这个标准下,他知道

什么东西去执行,什么东西坚决反对,掌握好这个度就可以了。不是不管他们,而是怎样合理地管的问题。

因此,综合来看,对于青春期孩子不听话这一问题,我们一定要辩证地看,我们不需要培养那种盲目听话的"乖孩子",因为"乖孩子"真正成为社会精英、业界尖子的不多,他们大多在一般劳动岗位上工作。当然,并不是说"不听话"的孩子就一定聪明。孩子的"听话"应更多体现在生活规矩、行为道德上,而青春期孩子天性叛逆,有自己的想法,父母应做出正确的引导,用于在学习和对待事情上。

七、帮助孩子学会控制自己的情绪

崔女士是一家私企当主管,手下管着几十个人,所以,工作很繁忙,免不了回到了家还带着在单位工作的情绪。

这不,她回家看见丈夫居然在看报纸,也不做饭,就有点不高兴了:"蕾蕾一会回来饿了怎么办?你怎么不做饭?"

"我怕我做饭了,你们母女俩又不合意,那不找骂吗?"丈夫一脸委屈的样子,她也就没说什么了。

"爸妈,我饿了,怎么还不做饭?"这时,蕾蕾正好回来了。看见爸妈没做饭,不高兴了,一把把门摔上,看自己的书去了。

"这孩子怎么了,现在怎么脾气这么坏了?小时候可不是这样,越长大越不好管了啊?我去跟她评评理,这是什么态度?"崔女士很是生气,正想冲进女儿的卧室,教育女儿一下,被丈夫一把拉住。

"孩子这个年纪,情绪不稳定是正常的,我们大人也不例外,你刚刚回家，不也是这样吗？我们要理解呀……"崔女士觉得是这么个理儿，火也就消了。

心理导读

任何人都是有情绪的，包括喜、怒、哀、乐、恐惧、沮丧等，因为人是情绪的动物，人的情绪也是与生俱来的，孩子逐渐长大，也开始有了多变的情绪，特别是青春期的到来、生殖系统的突变，会给孩子带来不少暂时性的困难，同时，他们要求独立的意识也随之加强，于是，这时，孩子会像一匹脱缰的野马，那些情绪也随之四处乱撞。可能刚刚那个活泼开朗的孩子一下子就变得变得闷闷不乐、喜怒无常、神神秘秘了。

因此，作为父母的，就要体贴和帮助孩子，要对孩子身心发展的状况予以留意，对他们某些特有的行为举止要予以理解并认真对待。认识到青春期的特点、理解孩子，才能和孩子做朋友，帮助孩子渡过这个"多事之秋"！

那么，作为父母，当你们对孩子的情绪予以理解以后，又该怎样帮助孩子顺利梳理好情绪呢？

专家建议

建议1　让孩子认识情绪，表达情绪

通过亲子之间的对话让男孩正确认识各种情绪，说出自己心里此时此刻真实的感受。只有知所想，才能知何解。平时，父母可以在自己或他人有情绪的时候，趁机引导孩子知道"妈妈好高兴哦""嗯，我很伤心"等让孩子知道原来人是有那么多情绪的，还可以通过句式"妈妈很生气，因为……""我感到有点难过，是因为……"来告诉孩子自己的情绪来源，同时也可以问孩子，"你是什么感觉啊？""妈妈看见你很生气、难过，能告诉我发生了什么事吗？"等对话来引导孩子表达自己的情绪及发现自己情绪的原因，有利于提高孩子的情绪敏感度。

建议2 让孩子体验情绪，洞察他人情绪

游戏在年纪尚小的孩子的心理发展中起着重要作用，要让孩子在丰富多彩的游戏活动中体验自己的情绪，感受别人的情绪，知道自己和他人的需要。除了父母与孩子要交流自己的情绪感受外，还可以透过说故事编故事、角色扮演和孩子讨论故事中人物的感觉和前因后果及利用周围的人、事物，来引导孩子设想他人的情绪和想法。从他人的情绪反应中，孩子会逐渐领悟到积极情绪能让自己和对方快乐，消极情绪会让自己和对方造成痛苦，不利于事情的解决。

建议3 培养孩子理智的个性品质

每个孩子与生俱来都有着不同的个性特点，但不管哪一种个性的形成都是一个渐变的过程。有些孩子把什么够挂在脸上，做事冲动、情绪易怒等，如果父母对于孩子的这种个性品质听之任之，那么，孩子就会把父母的容忍当成武器，而如果父母在生活中能够对孩子晓之以理，让孩子从各个方面了解做事情绪化的危害，那么，孩子也就能慢慢学会控制自己的情绪，逐渐变得理智、成熟起来了。

以上是几个简单的能帮助青春期孩子调节情绪的方法，但前提是，作为父母，一定要理解孩子，如果家长经常用指责训斥的粗暴方法压制孩子，容易使孩子产生逆反心理，他们会以执拗来对抗粗暴、发泄不满，同样不利于孩子控制情感和自己的行为，也会使孩子形成任性。父母和孩子做朋友，用理解、劝导的方式来指导她们，他们一定可以能掌控自己的情绪！

第二章

清楚孩子的学习动机：帮助孩子爱上学习

生活中，我们经常听到有些家长抱怨自己的孩子的学习问题：苦口婆心地向孩子灌输学习的重要性，但孩子就是不爱学习；孩子上课时不是做小动作，就是窃窃私语；一回到家就看电视，一写作业就坐立不安；课外作业马虎了事，甚至时常打折扣……说到底，之所以出现这些问题，都是因为我们不了解孩子的学习意图和动机，孩子只有找到自己学习是为了什么，才会为之付诸行动，才有学习的动力。所以，我们要真正了解孩子内心想什么，才能帮助他们端正学习动机，才能让孩子爱上学习、主动学习。

一、如何让厌学的孩子爱上学习

这天，在下班的路上，两位妈妈聊到了孩子的教育问题。

"王姐，最近怎么了，是不是有什么心事？有什么事，我们能帮忙的，就说出来，大家都是同事。"

"不瞒你说，是我女儿小敏，我现在几乎每天下班后的工作，就是把她从娱乐场所拉回来，这孩子，自从上了中学以后，就跟变了一个人似的，小学的时候很爱学习，人家问她以后的理想是什么，她都说是考大学，现在，不知道她在想什么，和小时候判若两人。对了，听说你家菲菲很爱学习，成绩很优异呢，你是怎么教育孩子的？"

"现在的女孩儿啊，一旦到了青春期，是很容易产生一些问题的，尤其是厌学，还有抵触情绪呢。其实，学习越来越紧张，她们也很有很大的压力。"

"我知道，可是小敏根本不愿意学习，哎，真不知道这孩子怎么办。"

心理导读

像小敏一样，学生不爱学习的现象并不少见，但随着社会竞争的日益激烈，每个孩子都必须要掌握知识。正是因为如此，不少孩子由天真无邪的童年开始进入背负压力的学生期，久而久之，他们似乎已经不再是为自己读书，而是为父母，除了每天紧张的学习外，他们还要面临残酷的学习竞争，一场场考试、一次次排名，又一场场的考试，把他们压得喘不过

起来，久而久之，他们开始产生厌学的情绪。其实，缓解孩子的学习压力是个社会性问题，需要全社会的共同努力，但是做家长的负有最直接的责任。为了孩子的健康成长，每一个家长都要格外精心和努力。

专家建议

作为父母，我们要从以下方面努力：

建议1　要下大气力解决孩子的学习动机问题

学习动机是孩子学习的根本动力，只有随着年龄的增长，不断地明确认识到学习目的中社会性意义的内容，孩子的学习才会有持久的动力。

一些家长爱用"将来没饭吃""不读书一辈子干苦力"等话数落孩子，既没有给孩子讲道理，又没有直接激发孩子的具体实例，往往不起任何作用。

其实，兴趣才是最好的老师，孩子的学习也是如此，只有让孩子真的爱上学习，他们才能化压力为动力，因此家长要注意经常鼓励孩子，方法激发他的兴趣，并潜移默化地向他灌输社会性理想，帮助他将目光投向社会、世界和未来。

比如，原来对课本学习不感兴趣，上课随便讲话，做小动作。班主任老师在一次家访中，发现了他爱饲养小动物。于是老师有意让他参加生物兴趣小组，并委托他饲养生物实验室的金鱼。由于他的兴趣得到合理引导，使得他不仅在课外活动中主动积极，而且生物课学习也表现得十分认真。

可见，孩子一旦对学习产生了兴趣，便会积极主动地投入，消除怠惰。

建议2　找到孩子不喜欢学习的原因，对症下药

我们父母首先要和孩子自由沟通，以温和的态度和孩子探讨为什么不喜欢学习。父母了解他的问题所在，就要为他解决。对于因学习困难而对学习不感兴趣的孩子，家长要耐心地帮助孩子找到困难的原因，帮助他掌握科学的学习方法。

建议3　切实帮助孩子解决学习上的问题

很多父母关心孩子的学习情况，只是把眼光放在孩子的成绩上，而没有认识到孩子有时候也需要家长在学习上的辅导与帮助，有的孩子因为某一个问题没弄明白，一步没跟上步步跟不上，渐渐失去了学习的信心和兴趣。所以家长要真正关心孩子，就要注意他是否跟上学习进度。有条件的每周都要和孩子一起总结一次，发现哪里出现了问题就要及时补上，有的时候，还要请专门的老师给以专题辅导。孩子在学习上的困难得以解决，学习兴趣必然能够得到提高。

而对于学习压力过大，已经明显表现出病态心理和行为的孩子，要积极求教于心理咨询和治疗机构，在专业人员的指导下对孩子予以科学的辅导，逐步帮助孩子及时得到积极矫治。

二、让孩子不再远离考试焦虑

小旭是个很孝顺、乖巧的孩子，学习成绩一直也不错，但长时间的心理压力，让他不得不看心理医生，他在心理咨询中说道："我的家庭十分拮据，父母挣钱很艰难，但他们都极力支持我读书，并说只要我考得上大学，愿意倾家荡产、贷款也要供我读书。回到家里，家里不管有多么繁忙，他们也不让我做家务，因为我的任务就是学习。在别人看来，我是一个多么幸福的孩子，可哪里知道，在这'幸福'里，我背负了多么沉重的心理压力，我怕考试，我怕自己成绩考差了，对不住全家人。"

第三章
清楚孩子的学习动机：帮助孩子爱上学习

心理导读

这里，我们可以看出，小军的压力则来自于家庭，父母供他读书不容易，对他期望太高。因此，一旦考试失利，就很容易产生负罪感，父母的期许成了他的负担。

我们不可否认，孩子身上的学习压力很大一部分来自外界，比如父母的、老师的、同学之间的，但压力终究是自身的一种精神状态，也是可以解除的，这需要作为父母的我们做孩子的心理导师。

专家建议

以下几种建议可以帮助孩子平衡自己的内心，正确处理考前的焦虑问题：

建议1　鼓励孩子，告诉他："你可以。"

无论做什么事，自信对于一个人来说，都是极其重要的，这关系到一个人的潜能是否能被挖掘出来。很多的科学研究都证明，人的潜力是很大的，但大多数人并没有有效地开发这种潜力，假如你有了这种自信力，你就有了一种必胜的信念，而且能使你很快就摆脱失败的阴影。相反，一个人如果失掉了自信，那他就会一事无成，而且很容易陷入永远的自卑之中。

孩子面对考试就焦虑的问题，重要原因就是因为对考试结果的期望高。如果他们抱着轻松的心情，不太在意考试结果，那么，他自然就能心平气和地面对考试。

为此，作为父母的我们一定要鼓励孩子："你可以的。"并告诉他们不要太在意考试成绩，想必他是能控制自己的焦虑情绪的。

建议2　告诉孩子考前减压的方法

（1）考前两天，增强自信，择要复习。

告诉孩子："复习，并不是眉毛胡子一把抓，而是应该有所侧重，最重要是复习那些重点内容。所谓重点：一是老师明确强调的重点内容，二是自身学习过程中遇到的薄弱环节，也就是容易忘记和出错的地方。如果确保这两点都没问题的话，就没必要害怕了。"

（2）考试前夜，尽情放松、睡眠充足。

考前挑灯夜战最不可取，牺牲睡眠时间复习，是得不偿失的。考前，应尽量做一些放松身心的活动，比如散步、打球、听音乐等，还要做到早些休息，一定要避免思考过多，精疲力竭。

（3）考试当天，按时到考场。

考试当天，在用餐上，要注意迟早吃好，要给自己充足的时间来补充身体能量，最好在考前一个小时用餐完毕，吃得太晚太饱，都很容易因为造成大脑相对缺血而影响到考试时的发挥。

在到考点时间上，可以在考试之前20分钟到达考试地点。来得太早，你会因为发生的一些事而分散注意力，影响到自己的考前心态，而到的太迟的话，准备时间不足，进入考试状态的时间也太短而造成心慌意乱，造成失误。

（4）掌握一些答题技巧。

要想考好，当然要掌握扎实的理论基础知识，还有良好的心理素质，不过，还有重要的一点是掌握一定的应试策略，要科学应试，也就是要掌握一定的方法技巧。

另外，我们还可以告诉孩子：如果已经按照以上方法来做了，但还是没平息怯场的情况，也不必担忧，还可以按照以下步骤来做调节骤：先别急着做题，把试卷放到一边，稍微揉揉自己的脸，或者趴在桌子上休息下，这一方法能转移注意力，进而减轻紧张情绪，不过也可以采取深呼吸的方法满满呼气、吸气，同时放松全身肌肉。几分钟过后，紧张状态就能减轻不少。

三、帮助孩子适度减减压

近日,张女士带着自己的女儿来到上海一家心理诊所,张女士说,女儿名叫西西,在上海某重点中学读初三,学习成绩一直名列班级前茅,这一直让学校老师和父母感到很欣慰,但随着中考的临近,西西在情绪上发生了很大的波动,突然觉得心情紧张、抑郁,有种莫名的烦躁令她经常发脾气,甚至产生了厌学的念头,同时西西的身体也出现了一系列异常,她感到无精打采,周身乏力,小腹坠痛,出现了月经紊乱。西西的这些奇怪的症状让张女士认识到问题的严重性,只好求助心理医生。

心理导读

针对西西的问题,心理医生说,性情烦躁、动辄发脾气其实是因为压力大无处宣泄,实际上,像西西的这种情况,在不少孩子身上都发生过。

学习压力对一个处于学习期的孩子来说,表现在两个方面,一方面是适当的压力会激励学生;另一方面是过高的压力会使人崩溃,所以减压显得非常重要。

现实生活中,我们家长常说自己压力大,其实孩子何尝不是如此呢?他们除了要承受身体发育带来的烦恼外,还必须面对残酷的升学竞争,而现在的家长对孩子往往寄予厚望,等于无形中给孩子很大的压力,容易造成孩子身心负担过重,继而产生厌学情绪;加之有的学校为了提高学生成绩,孩子每天的学习时间长达十几个小时,正常的饮食、休息得不到保障,久而久之易造成孩子营养缺乏,过于疲惫,精神萎靡,体内正常的生物节律被打乱使内分泌失调,继而出现烦躁不安、月经失调等一系列症状。因此，心理医生建议，家长应根据孩子具体情况，适度地安排孩子的学习和生活，并要懂得为孩子减减压。

专家建议

建议1　父母不要给予孩子过大的学习压力

作为父母，我们不要过分看重学习成绩，这对于孩子来说是一种无形的压力。很多孩子都有这样一种感受，当他们学习成绩下降，父母常常是老账新账一起算，把孩子学习成绩下降归结到玩的太多、不认真等，甚至骂孩子"蠢""笨"等，这只能导致孩子产生学习压力，甚至还会产生厌学的情绪。

建议2　转变教育观念与思想，消除孩子学习上的"压力源"

在这里最重要的是破除"成功唯有上大学一条路"的思想，要认真思考孩子的兴趣爱好，和孩子一起精心设计他的成材之路，对于学习确实存在障碍的孩子，要在科学分析的基础上敢于另辟蹊径。

建议3　帮助孩子养成良好的学习习惯

学习压力大的问题多半出现在那些学习困难、成绩不理想的孩子身上，而这不是因为孩子的智力问题，而是没有养成良好的学习习惯，例如上课不认真听讲、注意力不集中、缺乏耐力和持久性、做事敷衍了事不认真等。

因此，我们要从小注意培养孩子良好的心理素质，用日常生活、游戏、习作等方式有意识地训练孩子的注意力、认真态度、较长时间专注一件事的习惯和严谨的为人处世态度。

建议4　教会孩子化解心理压力

这里，有几下几种方法：

哭泣法：内心郁闷时，想哭就哭。曾有个关于哭泣的心理学实验，在全部的被测试中，有87%血压正常的人称，自己都偶尔哭泣过；而剩下那些血压偏高甚至是高血压患者则称自己从不哭泣。很明显，哭泣是一种有效宣泄内心不良情绪的良好方法。

心理暗示法：比如，你可以告诉孩子在面临巨大心理压力时这样想象，"天气很好，我和爸爸妈妈躺在公园的草坪上"，"湖面很平静，岸边的柳树随风摇曳着它的身姿"，都可以在短时间内放松、休息，恢复精力。

分解法：把你在生活中遇到的各种压力与困难都罗列出来，并把他们编号，当你在纸上一个个写出来的时候，你会发现，只要一个个解决，其实也没什么大不了的事。

总之，减压的过程实际上是培养孩子良好心理素质的过程，因此，在生活中，作为父母，你要多关注孩子，经常从孩子的语言行动、情绪反应来了解他们的心态及其变化。当孩子幼小的心灵因为压力而感到无助时，你一定要采取措施，帮助孩子从多角度减压，帮助孩子消除心理阴影，走出低谷，奋发向上。只有时时刻刻注意排解孩子的心理压力，才能使孩子远离心理疾患，树立健康向上的人生观和价值观！

四、如何让孩子改掉粗心大意的毛病

小小是一名五年级的学生了，但到现在为止，他还是做事马虎大意，什么都要妈妈来为他"修补"，比如，经常他到学校了，妈妈还追到学校把他的书本送过来；做作业，总是有很多错别字；考试的时候，也会因为马虎大意而失分；一个人出去买东西会忘记带钱包；带了钱包，不是丢在这个篮球场，就是那个商店……这让小小妈妈很头疼，总不能二十四小时都提醒他做这个、做那个吧？

如何把握孩子心理

心理导读

案例中小小就是个粗心大意的孩子，不少家长也有小小妈妈的烦恼。

马虎粗心是人类性格中的一个缺点。无论成人或孩子，因为马虎粗心而造成不良后果的事件很多。马虎存心就是缺乏责任心的表现，我们深知培养孩子责任心的重要，为此，我们要训练孩缜密的思维，注意细节问题，才能在未来社会的竞争中立于不败之地。

孩子爱马虎、粗心的毛病，多半是家长没能在小时候多加培养，没有给儿童养成细心认真的好习惯所导致的。粗心的毛病容易给人带来麻烦，不但要影响孩子的学习成绩，升学考试、还有可能给人们的生活带来不幸，给社会带来灾难。"小马虎"从表面上看似乎不是什么大毛病，但若不及时纠正，却可能造成严重后果。如果你的孩子也有马虎大意的坏习惯，一定要在孩子还小的时候，纠正孩子马虎粗心的缺点，不要使其成为习惯。要纠正孩子马虎粗心的习惯，首先要找出他们马虎粗心的原因。

引起马虎的原因，多与家长的教育有关系，如果在儿童幼年时期没有对他们进行过系统的训练，或是常让孩子一心二用，边看电视边写作业，或是让孩子在一个嘈杂混乱的环境里学习，都有可能养成儿童粗心马虎的毛病。而最重要的原因是，父母责任心教育的缺失，现在的孩子多数是独生子女，凡事父母包办得太多、关照的太多、提醒得太多，从而导致孩子责任心的减弱，养成了马虎粗心的习惯。

专家建议

那么，怎样让孩子克服粗心马虎的坏习惯呢？

建议1　从培养孩子的责任心做起

孩子的马虎粗心，最根本原因是缺乏责任心所致有了责任心，他自然能够小心谨慎地对待每一件事情，避免马虎。

家长们应少一些包办、少一些关照、少一些提醒，让孩子自己处理自

己的事情；让孩子多承担一些家务劳动，多做一些力所能及的事情，以培养孩子的责任心。有时候家长要狠得下心来，让孩子吃苦头、受惩罚。

比如，上学前让孩子自己整理该拿的东西，如果他忘了，你也不要给他主动送去，而要让他受批评、受教育。再比如，孩子外出之前，让孩子自己准备外出所带的食品和衣物。家长只做适当的提醒和指导，不要大包大揽，也不要强行将自己的意志强加于孩子，等他少带了食品，少带了衣物，或落下别的什么东西，在外吃了苦头的时候，他自然会吸取教训，责任心自然而然地会加强。等下一次外出的时候，肯定不会粗心，肯定不会丢三落四了。

建议2　从培养孩子好的生活习惯做起

我们发现，如果一个孩子的房里一团糟，鞋子东一只西一只，他的作业往往字迹潦草、页面不整，做事丢三落四、凭兴致所至，观察没有顺序、思考缺乏条理，表现出典型的马虎粗心的特点。因此，从生活中小事做起，培养孩子良好的生活习惯，能减少孩子的马虎粗心。

常用方法是：让孩子整理自己的衣橱、抽屉和房间，培养孩子仔细、有条理的习惯；让孩子安排自己的课余时间和复习进度表，培养孩子有计划、有顺序的习惯；通过改变孩子的行为习惯来改变他的个性。天长日久，孩子的马虎粗心就会渐渐减少。

建议3　培养孩子集中精力学习的好习惯

有的家长，不管孩子是不是正在学习，都把电视机开着，或者自己打牌，这些做法都会造成对孩子的干扰，使他不能集中精力去学习，久而久之，孩子便养成了一心二用的坏习惯，有的孩子放学回家以后，总是先打开电视，然后边看边写作业，或者耳朵上戴着耳机，一边摇头晃脑地唱着歌儿，一边做习题。试想，这样怎么能聚精会神呢？

认真是任何人要做好一件事情的前提，如果对什么事情都敷衍了事，草草出兵，草草收兵，必然做不好。然而认真、不马虎是一种习惯，要孩子克服马虎的毛病，需要家长的指导和帮助。光靠说教不行，要靠平日里的习惯培养，久而久之，孩子也就有了自我控制的能力，会把认真当成一种习惯。

五、如何帮助孩子攻克学习中的短板

李先生的儿子叫李进，李进是个听话的孩子，但唯一让李先生烦恼的就是儿子的学习。李进是班上有名的偏科生，他数理化几门课很好，但英语是他的薄弱环节，每次考试，英语都会拖他的后腿，实际上，李进学习很努力，有时候，李先生和妻子看着都很心疼，面临中考，他经常加班加点，背单词、做习题，可是成绩就是上不去，李先生担心儿子最后连普通高中都考不上，来学校找英语老师。

英语老师说："李进是个很努力的男孩，但学英语也不是死读书，我平时交给学生们的记单词和做习题的方法，他似乎都没用。要知道，英语是一门语言学科，也不是死记硬背就能学好的……"李先生这才知道儿子的症结所在。

回家后，李先生找来儿子，跟儿子好好谈了一番。李进才知道原来自己一直是学习方法用错了，努力加正确的学习方法才会有好的学习效果。第二天，他就找英语老师谈了谈，并将老师的方法运用到了学习之后总。于是，在接下来的几次月考中，李进奋起直追，成绩上升很多，分数一次比一次高。

心理导读

可能不少青孩子的父母都为孩子的学习成绩感到烦恼，而最让父母烦

恼的问题之一就是孩子的偏科问题。这被称为学习中的短板现象。

何谓"短板"呢？若有一个木桶，沿口不齐，那么，这个木桶盛水的多少，不在于木桶上最长的那块木板，而在于最短的那块木板。而要想提高水桶的整体容量，不是去加长最长的那块木板，而是要下工夫补齐最短的木板；此外，一只木桶能够装多少水，不仅取决于每一块木板的长度，还取决于木板间的结合是否紧密。如果木板间存在缝隙，或者缝隙很大，同样无法装满水，甚至一滴水都没有。这就是著名的木桶定律。

这是个简单得不能再简单的自然界现象，然而往往越简单的道理总会饱含更深层的道理。同样，运用到孩子的学习身上，如果孩子存在偏科现象，那么，孩子的整体成绩就上不去，所以，如何帮助孩子攻克偏科问题是很多家长需要下工夫的。

专家建议

建议1　帮助孩子分析各科强弱的总体形势

分析哪科考得好，哪科考得不好，目的是帮助孩子认清自己在不同科目上的强势和劣势。需要注意的是，这并不是让孩子根据自己的考试分数做一个简单的排序，而是要以确实分析为基础，做出具有可行性的指导分析。比如对于一位数学基础非常好的孩子来说，分数虽然不低但是考试时时间较紧或者在最后的难题上出现了技术性失分，就要认真考虑自己的数学学习方法是否适应当前阶段的学习，并及时地做出调整改进，吃老本的想法是不可取的。

建议2　引导孩子总结学习方法的得失

孩子考试一旦失利，他首先要考虑的就是自己在该科的学习方法上是否存在缺陷，并做出相应的调整。成绩十分理想，也应该找出原因所在以便今后"发扬光大"。

建议3　帮助孩子整理薄弱的知识点

你要让孩子做到，考试进行之后，对试卷中耗时较多的题、摇摆不定的题、做错的题均做出认真细致的分析，找出原因所在，是公式掌握不牢，是该记住的没有记住，是解题方法没有掌握，还是思考方式运用不够熟练？在此基础上进行补充学习。

建议4 让孩子把更多精力和时间花在"短板上"

孩子的学习要有针对性，要让孩子明白哪些是自己不会的，进而让孩子把有效的时间用到提升"短板"上。

建议5 让孩子多做学习总结

善于做总结和分析，是帮助孩子提高成绩的法宝，我们若希望孩子在考试中取得好成绩，不因为某一学科拖后腿或者因某一知识点而失分的话，就要让孩子养成多做学习总结的习惯。

总之，作为父母，我们要让孩子不但爱学习，还要会学习，要找到属于他自己的学习方法，要让孩子多做总结和反思，找到"短板"问题出现的原因，这样，孩子在学习过程中才能有效克服它。

六、如何让孩子理智追星

周六的晚上，韦先生看到儿子在上网，便对儿子说："你能帮我找找毛阿敏的歌儿吗？"

"老爸，不是吧，那么老的歌儿你还听啊？"儿子一副不屑的样子。

"爸爸那时候可是毛阿敏的铁杆粉丝呢，我可不喜欢什么周杰伦的歌儿，听不惯！"

"原来爸爸以前也有偶像啊！"

"有倒是有，可不像你们现在的孩子，还追星，为了一张演唱会的门票，可以省吃俭用，甚至等个通宵也要买到票！"

"您怎么知道有人这样追星啊？我们班就有几个女孩子这样，我可没那么疯狂！"

"我们单位好多年轻人也这样啊，还是我儿子理智啊。"

"但是爸爸，我们可以有偶像，可以追星吗？"

"什么事情都有个度啊，你有偶像没错，但要看是什么偶像，为了学习他什么而把他当成偶像的，这是没错的。'追星'要'追'的有意义，不可盲目去做一些'傻事'。就在2006年的时候，有位女士为了与刘德华拉近距离合影，不惜倾尽家产，而导致家败人亡！这种追星的方式就不对嘛！"

"爸爸说的对，我喜欢周杰伦的歌儿，也是有原因的呀，周杰伦在领金曲奖'年度最佳专辑'奖时曾说过一句：'好好认真读书，好好听周杰伦的音乐。'杰伦的音乐以公益歌居多，如《梯田》《听妈妈的话》《外婆》《懦夫》等，几乎每张专辑都会有！"

"儿子说的有道理啊……"

就这样，父子俩就偶像一问题聊到深夜。

心理导读

"追星"行为是指青少年过分崇拜迷恋影视明星和歌星的行为。中学生追星现在已经成为一种普遍的潮流。

而事实上，这些孩子心中的偶像大多都是影视歌星，只有少数人的偶像为艺术家或商人、作家等。很多男孩因为追星已经逐渐变得疯狂起来，为那些明星偶像着迷起来，他们盲目"随大流"，疯狂收集明星资料、相片和唱片，是非常愚蠢的做法。这样既浪费钱财，又耗损时间。

专家建议

盲目地追星会让人生活陷入无目的之中。对于孩子盲目"追星"的行为，家长一定要及时予以纠正。对此，家长可以从以下几个方面努力：

如何把握孩子心理

建议1　帮助孩子树立明确的目标与理想

实际上，追星现象在那些学习成绩差、没有目标的孩子身上体现得更为明显，他们这样做，是为了另辟蹊径树立在同学们心中的形象，他们刻意模仿明星们的作风，收集明星们的信息，把这些作为在一起交往时，炫耀自己的能干、消息灵通的资本，以此抬高自己的身价。而很明显，我们可以发现，那些学习成绩优异的同学，对明星的关注度会很小很多，因为他们已经有树立威望的资本——学习成绩。

因此，作为父母，要帮助孩子找到学习的乐趣，让其树立学习的目标，当他为理想奋斗的时候，也就没有那么多的精力"追星"了。

建议2　让孩子"追星""追"的有意义

父母不可否定孩子的追星行为，但你要告诉孩子："追星"要"追"的有意义，不可盲目去做一些"傻事"。如何说"追星"追的有意义呢？就是说在"追星"的同时，也去学习别人的哪些高贵品质。许多明星之所以成名，是因为他们付出了许多心血和汗水。他们的人生道路并不是一帆风顺的，许多明星的品质都值得我们学习。

当你告诉孩子这些后，他就会有选择性的树立自己心中的偶像，而不至于盲目，同时，他们会学习这些明星身上那些可贵的品质，这就是"追星"的意义。

建议3　培养孩子正确的审美取向，让孩子知道什么是美

培根说："人一旦过于追求外在美，往往就放弃了内在美。"很多孩子之所以追星，完全是因为他们被明星俊美的外表打动，于是，他们便开始刻意地模仿明星的穿着。为此，在生活中，父母要对孩子进行一些价值观的教育，让孩子知道，心灵美才是真的美，当孩子对审美的标准发生改变以后，也就理智得多了。

总之，作为父母，正确引导孩子的追星情结，才会让孩子理智地认识追星，这样，孩子就不会盲目地跟在明星后面，而是行动起来，为自己的目标奋斗，为自己的梦想努力！

七、帮孩子挣脱网络的束缚

程先生的儿子程程最近在网上发现了一个很好玩的游戏,孩子毕竟是孩子,对什么产生兴趣之后,就一门心思扑在上面。

晚上吃完饭,程先生把儿子叫到身边。

"儿子啊,你这个年纪,的确爱玩,这当然没错,但是你发现没,你最近玩游戏已经有点影响学习了。"

"是吗?"

"是啊,你看,你以前十点之前就能上床睡觉,可是现在要熬到十二点才能完成作业,上次测验成绩也是大幅度下滑啊!"

"是啊,这倒是。可是,这个游戏是新出来的,很多人都在玩,我也想玩啊。"

"要不你看这样好不,以后每天晚上你回来,饭前的时间电脑归你玩,你可以玩游戏,饭后,我就把笔记本搬到我的卧室,我们父子俩一起玩,以后我们还可以交流游戏心得,这就不耽误你的学习了,你说好不?另外,我觉得以后上网呢,还是尽量多以学习为主,你说是不?"

"爸爸,你真是太厉害了,好,我答应你,另外,这次期中考试你就看好吧,我一定拿个好成绩给您看看!"

心理导读

这里,相信很多父母都佩服程先生的教育方法,面对迷上网络游戏的儿子,他并没有强行制止儿子上网,而是与儿子制订规则,帮助儿子克制自己的网瘾。

如何把握孩子心理

现代社会，互联网已经盛行，互联网在给人们的生活带来方便的同时，也给人们带来一定的伤害，尤其是孩子。事实上，现在的孩子，学会上网的年纪越来越小。上网聊天、玩游戏似乎已经成了每日必做的功课，孩子上网无可厚非，但沉迷网络，肯定不是什么好事。大部分家长对孩子上网都持否定的态度。其中担心影响学习、结交不良朋友、接触不良信息成为了家长们反对孩子上网的主要原因。

孩子上网影响学习成绩，是家长们普遍担忧的现象。孩子长时间上网，会导致作业无法按时完成，上课质量下降，甚至会过于依赖网络，利用上网来搜索作业答案，造成独立思考能力下降。未成年学生自制能力差，一旦迷上了上网，便会长时间"寄居"在网上，将大量的时间和精力都投入到网络世界。对此，很多家长头痛不已。看到网瘾对青少年的种种毒害，不能不引起我们的忧虑：孩子沉迷于网络的原因是什么，我们应该怎么帮助他们？

专家建议

家长可以从以下几个方面让孩子挣脱网络的束缚：

建议1　掌握网络知识，不做网盲

家长不懂网络，就不能正确引导孩子上网、督促孩子健康上网。应该注意发现孩子上网中碰到的问题，在上网过程中及时与其交流，一起制定措施。同时家长还可以在电脑上设置防火墙，防止孩子受到不良文化和信息的影响。

建议2　和孩子一起上网

网络的确可能会给孩子的学习带来影响，但并不是洪水猛兽，网络的作用不能全盘否定，父母可以和孩子一起上网，不仅能起到监督的作用，还能共同探讨网络中的很多问题，可谓两全其美。

建议3　定规矩，合理上网

家长应心平气和地与孩子定一些彼此都接受的规则，比如：只能

进入指定的几个网站，别人推荐的网站需经过家长同意才能进入，要保护自己和家庭，不能在网上留下家里的电话，上网时间不应超过两小时等。

建议4　孩子有网瘾时，应多家监督和管理，有过程地帮助孩子戒除

对于孩子的网瘾，父母可以巧妙运用递减法。比如，从原来每天上网6小时改为5小时，再改为4小时，逐步减到每天一两小时，慢慢恢复到正常状态，不能急于求成。

建议5　引导孩子学会利用网络来为生活服务

网络为生活带来的便捷早已毋庸置疑，我们要教会孩子利用网络信息的庞大和快捷，为生活带来方便，比如，当全家要出外旅游时，你可以将查路线、订酒店等任务交给孩子；当你需要某种书籍时，也可以让孩子在网上为你购买，让孩子体会到成就感的同时，还能开阔孩子的视野，培养孩子的生活自理能力。

其实，上网就像孩子上街一样，刚开始，你可以带着孩子，让其注意安全，遵守交通规则。等待他熟悉了基本的路径后，家长就可以松开手，看着孩子操作。只有在孩子形成了良好的上网习惯后，家长才可以轻松地站在孩子的背后！

八、让孩子劳逸结合，懂得放松自己

进初中后，彤彤明显比以前学习压力大了，似乎永远有做不完的作业，似乎永远有看不完的书，就连她最喜欢的动漫，也没有时间看了。学习的压力把彤彤压得喘不过气来，彤彤妈妈是个细心的人，她看出来女儿最近的变化，找来女儿，开始帮助其解压，她认识到，好久没有带女儿出去玩了。

在一个周末，彤彤一家三口一起去爬山，爬到山顶的时候，妈妈对彤彤说："当心理状态不佳时，你可以暂时停止学习，放松一下，有一些小窍门会起到立竿见影的效果，如深呼吸、绷紧肌肉然后放松、回忆美好的经历、想象大自然美景等。另外，平时学习的时候，也不能太努力了，一定要注意劳逸结合，学习之余可以去上网、爬山、聊天、听广播、看电视甚至蒙头大睡，这样既可以暂时转移注意力，也可以缓解大脑的缺氧状态，提高记忆力。这些方法都可以释放内心的压力，记住，劳逸结合，学会缓解才能学习得更好。"

"谢谢妈妈，我知道该怎么做了。"

果然，彤彤又和以前一样，什么时候都精力充沛，学习上又有了更足的劲头儿了。

心理导读

人活于世，就必须承受来自各方面的压力，可以说，任何人都有压力，对于我们承认来说，生存的压力、发展的压力、竞争的压力等，适当的压力是好事，它可以激励人们努力向上，如果没有压力又会使人不思进取，但压力太大又会使人身心无法承受而出现心理问题，而对于孩子来说，他们的压力主要学习。

生活中，不少孩子经常抱怨学习太累、休息时间不足、再也不能和童年时代一样无忧无虑了。而我们父母必须要明白，孩子只有解除心理负担，轻装上阵，学习和考试才能达到理想的效果。所以，我们父母一定要让孩子学会劳逸结合，懂得放松自己。

专家建议

那么，作为父母，怎样帮助孩学会劳逸结合、及时放松自己呢？

建议1　告诉孩子要劳逸结合

孩子学习努力是好事，但不能不注意太过疲劳，你应该告诉孩子：首先要保证睡眠，晚上不开夜车。如果睡眠不足，要抽出时间补回来。另外，要适当参加运动。若时间允许，可在平时唱唱歌、跳跳舞或者参加一些集体娱乐活动。在看书做作业中间，做做深呼吸、向远处眺望等。

建议2　主动与孩子沟通，让孩子一吐为快

很多时候，孩子无法排遣心里的压力，是因为无处倾诉，而在他们眼里，父母只会告诉他要学习，而根本不理解自己，因此，他们宁愿将这种压力憋在心里，也不愿向父母倾诉。其实，作为父母，不妨主动与孩子沟通，先让孩子接受你，当彼此间的隔阂消除后，孩子也就愿意敞开心扉，排遣心里的压力了。

同时，很多孩子不愿意与父母沟通的问题，你也可以鼓励他与同龄人沟通。同龄人之间有相同的经历，说出来可能惺惺相惜，有助于排解紧张的心理情绪。

建议3　带孩子出去走走，回归自然

工作繁忙、孩子学习紧张，让很多家庭的弦一直绷着，不仅孩子得不到放松，作为家长，精神也高度紧张。其实，你不妨多抽出一点时间，陪着孩子多出去走走，让孩子感受一下自然的伟大和神奇，尤其是那些山清水秀的地方，更是排遣心理压力的好去处，在神奇的自然面前，一些烦恼事都会烟消云散。

建议4　体力排放法

体力排放，也就是人们常说的运动法排放压力。运动包括很多种，可以是力量型的运动，比如长跑、打球、健身等，也可以是智力型的运动，包括下棋、绘画、钓鱼等。从事你喜欢的活动时，不平衡的心理自然逐渐得到平衡。

建议5　鼓励孩子与人交往，走出狭小的生活圈子

生活中，人们都有压力，也就有一条自己减压的方法，但通常，人们都会选择与人交往的方法,因为当你融入人群的时候,你会有种感觉:大家都跟我一样有压力,就看谁能够调节过来。当你认为你跟大家都一样的时候,你的压力马上就会减轻。

九、帮助孩子寻找属于自己的学习方法

学校每个月的家长会又来了,这次家长会的主题是"如何帮助孩子高效学习",家长会的目的也就是众多的家长一起交流心得,为孩子找出更好的学习方法。在这一点上,周太太似乎很有经验。

"周玲玲是怎么学习的呀?"很多家长凑在一起讨论。

"听说,你们家周玲玲并不是每天晚上做题到深夜,我每天罚我们家王刚做好些习题,可是学习成绩就是不见好啊,这是怎么回事呢?"

"是啊,我看我们家儿子也是,每天回来忙忙碌碌的,有时候,饭都顾不上吃,努力学习,可学习成绩还是处在中等水平。"

"孩子进了初中,就不能再让他以小学时候的学习方法学习,得让孩子找到更合适他们的学习方法,不然学没学好,玩没玩好,孩子是两头受累啊!"周太太一句话惊醒了在座的很多家长。

心理导读

可能很多家长会发现,你的孩子很懂事,即使你不叮嘱,他也逐渐认识到了学习的重要性,他也想成为一个学习成绩好的孩子,希望可以仍然走在前列,但事实上,他们似乎总是力不从心,似乎总是感觉时间不够用,学习效率也很低。这是为什么呢?

其实，孩子是缺少一个属于自己的学习方法，帮助孩子掌握好的学习方法，就等于为孩子找到了促进学习进步的金钥匙。

任何一个孩子都很聪明，没有智力障碍，只是学习方法和学习习惯不同而已。每个孩子都有属于自己的学习方法和习惯，有的学习很轻松，学习习惯也好，这无外乎课堂认真听讲，基础知识掌握得好，灵活运用能力强，而有的孩子学习死板，学得很累，课后用许多时间学习，效果也不好，这样就要改进学习方法。

专家建议

当然，孩子的学习方法应该由孩子自己来寻找，而父母所要做的应该是一个从旁协助的工作。那么，作为父母，怎样帮助孩子找到属于他自己的个性学习方法呢？

建议1　认识到孩子的特殊性，尊重孩子的学习兴趣

适合孩子的学习方法是一定要建立在孩子的学习兴趣上的。生活中，当孩子没有达到家长预期的目标时，家长就觉得孩子出了太多的问题，父母愤怒了，或是责骂孩子，或是语重心长"控诉"我们的孩子。孩子沉默了，孩子愧疚了，孩子自卑了……很多时候孩子就是在这样看不见的教育暴力中失去了成长的快乐和发展的潜能。而即使父母为孩子打造出的学习方法再完美，也不一定适合你的孩子，因为他对此方法根本不感兴趣。

家长都重视孩子的个体差异，充分考虑孩子的优势智能，注重学生兴趣和个性的培养，帮助孩子找到属于自己的"钥匙"。

建议2　根据孩子的生活习惯和时间安排孩子的学习，让孩子高效地学习

每个人的机体存在差异，这是毋庸置疑的，他们在生活习惯上有所不同，比如，有些孩子喜欢在晚饭前学习，而有些孩子在睡前的某段时间能发挥记忆的最好效果，对此，父母都要留意，只有这样帮助孩子学习，他才能以最快的时间进入学习状态，提高学习效率。

建议3 掌握小窍门,让孩子尽快进入学习状态

如何让孩子尽快进入学习状态,是广大家长最为关心的方面。拥有九年个性化教育研究经验的教学专家认为:家长个性化的监督和引导是孩子安心学习的关键。在此,他教了家长们帮助孩子收心的几个小窍门:家长不要给孩子过多压力,要鼓励孩子适当地多看书,或者陪孩子适当作一些体育锻炼,让孩子心态平和下来。一方面,家长可以帮助孩子制订一个切合实际的学习计划,每天定期了解孩子的学习表现,多给孩子鼓励和建议,使孩子保持积极的心态。

建议4 训练孩子解决问题的能力

拥有解决问题的能力才是制胜的法宝。父母在帮助孩子找适合他的学习方法时,这一点乃重中之重,要训练孩子这一能力,就要着重培养孩子自主学习和正确的思维方式,长此以往,孩子的成绩及综合素质将能够稳步持续地提升。

总之,帮助孩子找学习方法,需要依据孩子个人的习惯、兴趣、时间安排、生理状态等。所以,你要想成为孩子的家庭教师,就要全面了解你的孩子,然后做出具体的计划安排。学习方法只有适合孩子自己的才是最好的。有针对性地制订出一套独特的、行之有效的教学方案和心理辅导策略,不仅使孩子掌握一种切合自身的学习方法,提高学习成绩,更重要的是让孩子的心理和心态更健康!

第四章

正视青春期性困惑：让孩子对性有正确的认知

孩子到了青春期，都渴望与异性交往，希望获得异性的注意，但这个阶段的孩子毕竟对爱情和婚姻还没有一个正确的认识，而且，青春期是积累知识的年纪，是为理想和目标努力的年纪，过早的恋爱对孩子的身心发展都不利。我们父母，当孩子进入青春期后，一定多与孩子进行沟通，当发现孩子有早恋的倾向时，要对孩子进行妙引导和沟通，做孩子的知心朋友，聆听他的心声，让他在父母的支持帮助下走出情感的旋涡。

如何把握孩子心理

一、引导孩子正确认识自慰

柳女士的女儿今年15岁，初三，从小学至今都是个品学兼优的好学生，但最近，柳女士发现，女儿好像有点不对劲，学习情绪也很差。情急之下的柳女士不得不偷看了女儿的日记。原来，女儿近来总喜欢手淫而烦恼，她明知道这样不对，但还是无法控制自己的行为。也曾有过骑在凳子上两腿夹着摩擦而兴奋的经历，同时阴道会产生一种莫名的快感，非常舒服。这种习惯一直到现在，而且越来越强烈，甚至无法满足自己心理的需求，最终通过手淫帮助满足，但随着手淫次数频繁，感觉心理不正常，非常害怕因此而染病，也认为自己很无耻和下流。

柳女士一直家教很严，自己和丈夫也是高级知识分子，平时都极力不让女儿接触性方面的知识，可是一直是乖乖女的女儿为什么会这样呢？

心理导读

关于青春期孩子手淫这一问题，作为家长，一定要明白，这是青春期身体发育后的正常现象，但也引起重视，并做好引导工作，过度手淫会对孩子的心理造成压力，影响学习和正常生活。

实际上，对性的追求，并不是成人以后，案例中的柳女士的女儿从幼儿早期就有明显的性兴奋，表现在"骑在凳子上两腿夹着摩擦"就是由中枢决定的痒感刺激来达到性满足的。

而随着年龄的增长，对性的要求越来越强烈，变成一种有意识的手淫，但孩子在极力压抑自己的性冲动，而对手淫没有正确的理解和认识，

产生自责、自罪的感觉，痛苦感油然而生。这是因为很多学校和家庭没有给过孩子正确的性教育，所以他们会把自己的自慰行为看成是无耻和下流的。

专家建议

那么，作为父母，我们该如何让孩子正确认识手淫这一问题呢？

建议1　告诉孩子什么是手淫

伴随着身体发育的成熟，很多青春期孩子产生了性的冲动，于是，他们便采用自慰的方式发泄，也就是人们常说的手淫。手淫是释放性压力的一种方式。

手淫是指通过自我抚弄或刺激性器官而产生性兴奋或性高潮的一种行为，这种刺激可以通过手或是某种物体，甚至两腿夹挤生殖器即可产生。手淫在青春期男、女均可发生，以男性更多见。手淫是释放性能量缓和性心理紧张的一种措施。当然，手淫过度也是不利的，过度的手淫会使肉体的性感高潮在无须异性的正常诱惑下就得以满足，这是一种异常的、变态的性满足方式。

建议2　告诉孩子过度手淫会带来的精神恶果

性自慰是青少年为满足性冲动欲望的一种行为，这种玩弄或刺激外生殖器、获得性快感的自慰行为在青少年中普遍存在。其实，适度的性自慰并无大碍，但不能沉迷其中，影响身心健康发展。

长期过度手淫带来的最明显的恶果主要是精神上的。手淫的孩子由于得不到正常性生活所带来的感觉，自慰行为又担心被人发现，再加上社会舆论的压力，使得他们不得不刻意培养自尊的意识和表象，表现出对异性傲慢和不感兴趣的态度，用以掩盖自己的行为。当然，这些畸形的心理并非每个人都会发生，但是对于性格比较内向和脆弱的人，就容易出现这种倾向。

在了解这些性知识以后，可能很多孩子会产生疑问，那么，到底应该

如何把握孩子心理

怎样掌握手淫的度呢？手淫一般不会引起任何的疾病，一般以一周一次为宜。频繁、重度的手淫可引起疾病像前列腺炎、遗精、早泄等，不育也是有可能的。

作为父母，如果我们让孩子从正常渠道了解这些青春期性冲动的知识，并告诉孩子以正常的方式发泄性冲动，那么，孩子自然能摆正心态，消除对手淫的羞愧感！

二、如何跟青春期的孩子谈"性"的问题

一次，某中学在校内举行一场别开生面的讲座——"关于青春期的性问题"，这场讲座阵容很强大，三个年级的学生以及老师一共有几千人。

令在场老师惊讶的是，面对一些大人们也觉得面红耳赤的话题，这些初中生们却没有丝毫的忸怩不安，反而问出了一些诸如"生米煮成了熟饭怎么办""处女到底怎么定义""性和爱可以分离吗""最好的避孕方式是什么""发生双性恋怎么办"等尖锐问题，不仅让一旁的老师听得瞠目结舌，就连主持讲座的专家也感到孩子们的问题不好回答。现在的孩子早已不是我们想象中的那么闭塞。

心理导读

的确，我们的孩子在一天天长大，昨天的她还是一个在父母怀里撒娇的小女孩，今天她已经亭亭玉立了；昨天的他还是一个和邻居小男孩抢零食的小男孩，今天的他看见了女生都会退避三舍……此时，性健康教育成为摆在很多家长面前的一道不可回避的难题。

然而，面对这个问题，大人们似乎总是很害羞，大多数家庭中仍然是谈"性"色变；有一部分思想开放的家长想给孩子提前教育教育，却又欲说还"羞"，不知从何说起。

有调查表明，青少年性知识70%来自电视、网络、同伴之间的谈论交流或课外书籍；来自家庭的却只有5.5%，有36.4%的母亲在女儿第一次来月经之前，没有告诉孩子该如何进行处理。报刊、影视、书籍等社会性信息有着强烈的刺激和诱惑，如果再受到同伴之间错误的性知识的干扰，很容易造成孩子性观念和性行为的偏离。

可见，结合孩子身心发育不同阶段的特点，及时进行性生理、性心理、性道德等知识教育，满足孩子渴望获得性知识的需求，是社会、学校和家长不可推卸的责任。

专家建议

建议1　家长应转变观念

青春期性教育是人生教育不可缺少的一课，对孩子进行必要的青春期性教育是社会文明进步的体现。

生活中的每个人都必须经历青春期的发育这一过程，性机能的不断成熟使得青少年对异性产生好奇、渴望了解性知识，这些都是很自然地现象。但是，青少年了解性知识的途径必须是正当的、健康的。作为父母，如果为了怕孩子学坏而封闭这些途径，那么孩子只能通过一些不正当方式来获取，接受的也是一些淫秽、黄色的内容，妨碍其身心健康的发展。青春期教育如果出现缺失和失误，在孩子成长史上就会留下无法弥补的遗憾。

建议2　保证性知识的准确性，不可敷衍孩子

当孩子几岁的时候，他们一般会问："我是从哪里来的？"此时，我们可能会找一些理由来搪塞孩子，但事实上，这一点是行不通的，尤其是到孩子青春期以后，如果我们不告诉孩子实话，他们可能会从其他一些不

正当途径得知。

其实，我们应该让孩子知道，孩子是父母相亲相爱，由父亲的精子与母亲的卵细胞结合，然后在母亲的子宫里发育成长起来的。

孩子可能会对两性关系发生兴趣，如果父母亲比较民主、开明，孩子就不会将困惑埋在心里，而随时会向父母请教。

建议3　从正面教育

很多家长为了避免孩子产生性尝试的欲望，往往从消极面教育孩子，比如说，性会导致艾滋和其他疾病、少女怀孕、强奸等。当然，告诉孩子这些是必要的。但我们更要注重正面教育，要告诉孩子，正当的性是人类美好的东西。

当孩子向我们提出性问题时，作为家长，不要恐慌，这证明你的孩子已经长大了，应该为之高兴，同时，如果你的孩子做了一些诸如手淫之类的事时，我们既不要大喊大叫，也不要痛斥他们是什么"坏"孩子。手淫不会使孩子性狂热。性无知和羞怯才会对他们产生消极的影响。

建议4　父母也应该学习一些性知识，以解答孩子的问题

遇到孩子提出的问题过于敏感，父母不好开口回答，可将书报杂志上的有关内容折叠起来，悄悄放到孩子的床头，让孩子自己去阅读。

值得注意的是，父母在孩子面前不可表现得过于亲热，尤其是夫妻性生活千万不能让孩子看到，以免在孩子心中投下阴影，成为导致他们形成错误性心理、性观念的缘由。

总之，家庭是对孩子进行性教育的最为理想的渠道。遇到孩子问一些有关"性"的问题，家长要像解答其他问题一样坦然对待，用拉家常的方式对孩子进行性教育。

三、解开青春期孩子心中的性困惑

这天，曹太太听见女儿小洁躲在房间哭，就推开门进去，问清缘由后，才知道是这么回事：才15岁的小洁和班上的男生东东谈起了恋爱，可对爱情懵懵懂懂的两人都不知道谈恋爱应该是什么样子，两性之间的知识更是少之又少。一天，小洁被东东吻了，但接吻之后，两人便后怕起来，"我这样会不会怀孕呢？"小洁惴惴不安，"应该不会吧，我也不太清楚。"东东对此并不确定。从此以后，小洁总担心自己会怀孕，一有身体不适，便以为自己怀孕了，背着思想包袱，从此成绩一落千丈。

心理导读

从呱呱坠地到长大成人，每个孩子都会遇到不少的困惑，除去学业的压力，种种这样那样的"小问题"也会始终缠绕在他们的心头，到了青春期之后，他们对性的困惑更加强烈，这些困惑让他们难以启齿，却又往往不知所措，于是自己看书、私底下问同学等便开始悄然蔓延……

每个父母都希望孩子长大后具有健康的性观念和性行为，但每个父母都不知道该怎样去教。"怎么说得出口呢？"他们想，"要是有一个这方面的好老师就好了！"

其实，作为父母，我们应该明白，父母是孩子最好的性启蒙老师，只有及时、恰当地解出孩子这些困惑，孩子才能拨开心中的疑云，健康、快乐地成长。

如何把握孩子心理

专家建议

建议1　客观、不带主观感情地位孩子进行性教育

比如当孩子向你提出类似"为什么男女身体不一样"等问题时，你首先要记住的是放松、自然，因为孩子问这类问题纯属好奇，你没必要感到尴尬或不安，也不要表现出你想完全回避这类问题。

而对于答案，简单易懂就行，不需要长篇大论，因为他对综合性的知识讲座毫无兴趣。如果你对这种简单回答也有点束手无策的话，现在书店里有很多适合不同年龄孩子性教育的书籍和杂志，建议你购买一本，选择有关能回答他提出的问题的章节、文章读给他听，其中那些能帮助他理解生命现象、男女性别的差异等问题的插图也可以给他看。这样，当孩子再问起这类问题时，你会感到自在得多。

建议2　言传身教，让孩子明白什么是"爱"

如果父母每天的言谈举止相亲相爱、温馨和谐、相互赞赏，无疑就是对孩子最好的教育。因为孩子们理想中的异性原型对应的正是他们的父母。擅长察言观色的他们正好借此深刻领悟到父母之间的幸福、美满的男女关系，并在长大后如法炮制。

建议3　告诉孩子什么是性行为

青春期的孩子都听过这个词，但基本上都认为性行为就是性交，其实不然。

性科学研究按照性欲满足程度的分类标准，将人类性行为划分为三种类型：一是核心性性行为，即两性性行为；二是边缘性性行为，如接吻、拥抱、爱抚等；三是类性行为。

一般人们往往会狭隘地把性行为认为仅是性器官的结合。性行为并不只意味着性交，观看异性的容姿、裸体、色情节目，接吻，手淫，阅读色情小说等，都是道道地地的性行为。

性行为的含义要比性交广泛得多，一般说来它包括以下几种：

（1）目的性性行为，简单来说，就是性交，它是性行为的直接目的和最高体现。一般说来，人们在性交以后，就满足了性的要求。

（2）过程性性行为，这是性交前的准备行为，也就是接吻、抚摸等，其目的是为了激发性欲，实行性交。一般来说，性交后的这些动作是为了使性欲逐渐消退，作为尾声，这也属于过程性性行为。

（3）边缘性性行为，这种性行为的范围比较广泛，目的也很多，比如，表示爱慕、表示爱慕之心的自然流露，但绝不是为了性交。就另外，这种性行为的形式也较多，如微笑、眼神等，而这眼神、这微笑有时只有两个人感觉到，其他人是无从得知的。

至于拥抱、亲吻，如果是作为性交前的准备，那么是过程性性行为；如果只是爱情的自然流露，不以性交为目的，那么就是边缘性性行为。

当然，像某些西方国家，把拥抱、亲吻作为一般见面的礼仪，那就同性行为完全无关。

当孩子了解这些之后，他们对性也就有了更深一层次的认识，心中的种种困惑自然会消除，自然，他们也就知道处于青春期的自己该做什么，不该做什么了！

四、别强制打压，理智对待孩子的早恋行为

我们先来看看一段母亲和女儿的对话：

"孩子，其实妈妈明白你的心情，妈妈也是过来人，在你这么大的时候，也喜欢过一个人，那时候，他经常来学校找我，并对我无微不至地照顾，我发现自己爱上他了，可事实上，他已经有了家庭，我伤心欲绝，学

习成绩更是一落千丈。"

"后来怎样呢？"女儿好奇地问。

"后来，就在那段时间，我们学校转来了一个新同学，他开朗、乐观，成了我的同桌，我们无话不谈，一起学习、交流心得，很快，他帮助我走出了那段情感的阴影。你知道这个人是谁吗？"

"不知道。"

"他就是你爸爸啊，我们很快相爱了，但是我们并没有沉浸在爱情的幸福中，而是约定要一起考大学，一起追求梦想，后来，我们大学毕业后就结婚了……"妈妈沉浸在甜美的回忆中。

"爸爸太棒了！"女儿赞叹地说。

"是啊，不然我也不会喜欢他，那你认为他呢？"

"我不知道，但他长得很帅气。"女儿脸红了，

"孩子，妈妈也给你一个建议：你不妨和他做个约定——你们要一起考上大学，等你考上大学之后，如果你还是这么认为，那么不妨开始一段美丽的爱情。在这之前，你可以跟他做很好的朋友。"女儿点点头答应了。

心理导读

故事中的妈妈是通情达理的，然而，在我们的生活中，面对孩子早恋的问题，大多数家长的反应都是火冒三丈，然后"棒打鸳鸯"，而最终结果是，孩子只会越来越坚信自己的选择，甚至做出更加"出格"的事。而家长的理解则是孩子接受家长建议的前提。因此，作为家长，我们不妨放下架子，与孩子来一次促膝长谈，帮助孩子脱离早恋的苦恼，从那段青涩的爱情走出来。

早恋，即过早的恋爱，是一种失控的行为。对于青春期的孩子来说，他们可以对异性爱慕，但必须学会控制这种心理的滋长和蔓延，更不要早恋。早恋，不仅成功率极低，而且意志薄弱者还可能铸成贻害终身的

罪错。

在教育孩子的过程中，很多家长认为，尤其对于青春期的孩子，一定要严加看管，否则孩子很容易陷入早恋的泥潭，于是，孩子与异性说话都成为他们捕风捉影的信号，实际上，孩子进入青春期渴望与异性交往，是青少年身心健康发展的重要标志。如果没有这种心理需要，反而要打个问号了。异性交往并非必然陷入恋情，更可能是同学、师生、朋友、合作伙伴等多种人际关系。而即使孩子真的早恋了，作为父母，我们也不应干涉太多，否则，只会起到反作用，甚至会加深两人的感情。

因此，作为父母，对于孩子早恋的行为，一定要保持理性。

专家建议

建议1　冷静理智，绝不能打骂孩子

作为父母，我们要理解孩子青春期渴望与异性交往的心情，当孩子真的早恋时，也不能打骂孩子，早恋也绝非洪水猛兽。

建议2　用引导代替苦口婆心地劝

现实生活中，我们常常见到这种现象：一些青春期的孩子陷入早恋，父母的干涉非但不能减弱两人之间的感情，反而使之增强。父母的干涉越多、反对越强烈，恋人往往相爱就越深。为什么会出现这种现象呢？这是因为，人都是自主的，青春期的孩子也开始有了一定的独立意识，他们开始关注异性，而父母越是反对，他越是偏向选择自己的恋人。因此，深谙教育艺术的父母绝不会苦口婆心地劝阻孩子，因为他们知道这样，只会让孩子爱得更深。

孩子在成长过程中，他们会不断长大，自然会出现一些心理波动，作为父母，我们不妨采取一种讨论的态度，和孩子平等的讨论爱情，让孩子明白青春期是积累知识的时期，对异性的好感并不是爱情，并采取一些方法强化孩子的家庭归属感，让孩子重新把精力集中到学习上来。

建议3　让孩子明白异性之间交往的分寸

不妨直言不讳地告诉孩子，青春期想接近异性的身体并不可耻，但一定要把握分寸，大胆、大方地与异性交往，即使对异性有好感，也只能让它们作为一种美好的愿望，珍藏在心底，等自己真正长大成熟时，他（她）会以百倍的力量、热情、成熟来迎接你！

总之，我们要让孩子明白的是，中学时代是打基础时期，将来从事何种事业还没有定向，他们今后的生活道路还很长。中学时代的早恋十有九不能结出爱情的甜果。当孩子能正确处理青春期的"爱情"时，也就能把握好人生的舵，不会过早去摘青春期的花朵。

五、帮助孩子从单相思中抽出身来

钱女士的儿子天天今年15岁，是个很懂事的男孩。钱女士虽然没什么学历，经济情况也不是很好，但却很会教育孩子，天天也一直把她当成好朋友，最近，她看儿子好像心事重重的，便在周末的上午，把家务忙完以后，来到儿子房间。

"天天，你是不是遇到什么事情了？"

"我不好意思开口，太难为情了。"天天说。

"很多事，妈妈都是过来人，我想我能帮你，如果你实在不好意思开口，你可以给我发邮件，我会给你回的。"

"好吧，妈妈。"

晚上，钱女士打开自己的邮箱，果然看到儿子的邮件，内容是这样的："我感觉到我真的喜欢上一个女孩了，是一种我从未有过的感觉，那

☆ 第四章
正视青春期性困惑：让孩子对性有正确的认知

个女孩是隔壁班的，我确定，世界上真的有一见钟情存在，因为从第一次看到她，我就喜欢上了她，可爱、纯真、活泼、美丽……我简直无法形容她的好了，反正，我觉得她是世界上最漂亮的女孩，我开始每天都想见到她，每天都被一种奇妙的感觉牵引着……我的情绪也开始被她影响着，她开心，我也开心；她忧郁，我也跟着难受。当我心情不好的时候，只要一见到她，心中马上就豁然开朗。总之，我的心情随她而变，我可以确定，我是爱上她了，可关键是，我不敢说出口，因为她那么优秀、那么美丽，肯定不会看上我这样一个普通的男生。妈妈，我该怎么办？"

看来，儿子真的是情窦初开了，那么，这封信该怎么回呢？

心理导读

很明显，案例中的天天是对隔壁班的一个女生产生了倾慕之情，但又敢说出口，这就是人们说的暗恋。有人说初恋是纯真的，其实，最美的还是暗恋，青春期性萌动，哪个少男少女不善钟情？暗恋，永远是那么甜美那么涩。

事实上，大多数情况下，孩子们心中的异性也许并没有想象的那么完美，俗语说"情人眼里出西施"，这些说法都说明喜欢一个人的感觉，主观而片面，听不进他人的意见和建议，一定是他认为的好就是好，你说不好也听不进去，当家长持反对意见或者试图阻止时，他就陈述逆反心理，不然就转入地下，这是最让家长感觉头疼的地方，青春期的孩子，可以说，基本上都有自己心仪的异性，但是由于各种原因，很多孩子都只是暗恋，并不敢说出口，天天就是这种心态。

在教育孩子的过程中，很多家长认为，尤其对于青春期的孩子，一定要严加看管，否则孩子很容易陷入早恋的泥潭，于是，孩子与异性说话都成为他们捕风捉影的信号。而很多父母的这种态度是孩子不敢向父母倾诉暗恋心情的原因。

庆幸的是，案例中的钱女士是个明事理的妈妈，她深知儿子对情感问

如何把握孩子心理

题难以开口,便建议儿子采取写邮件的方式倾诉出来,对与儿子单恋某个女孩这一事实,也没有采取打压式的方式,而是在寻求方法引导孩子。

专家建议

建议1 理解孩子,谈话式教导,引导孩子走出恋爱的误区

我们要关注孩子,应经常询问孩子对周围异性伙伴的印象如何,以了解孩子的情感倾向和所思所想。同时,父母可讲讲自己的青春期异性交往经历与故事,让孩子说出自己的看法。要注意,最好避免用早恋这样的字眼,因为这一时期孩子与异性交往大多只是出于一种朦胧的爱慕心理。

建议2 理解孩子孩子的情感

其实,无论是谁,喜欢上异性都是难以自控的,尤其是青春期的孩子,更为将心中的小秘密告诉不告诉对方而烦恼,不说自己心里很想念,说出来又怕对方不接受,于是辗转反侧,心烦意乱。

我们父母,要告诉孩子,一个情窦初开的少年,青春期对异性产生好感,甚至有与之交往的冲动,这是正常的,这都是由成长过程中的毕竟过程。但你要学会合理控制自己的情感,掌握交往的分寸。要知道,青春期恋情多数要影响学习,因此,将小秘密埋藏在心里是明智的选择,让这份初恋的感情在心里发酵,随着时间的推移日久弥香。

我们父母要明白,在成长过程中,他们会不断长大,自然会出现一些心理波动,作为父母,我们不妨采取一种讨论的态度,和孩子平等的讨论爱情,让孩子明白青春期是积累知识的时期,对异性的好感并不是爱情,并采取一些方法强化孩子的家庭归属感,让孩子重新把精力集中到学习上来。

六、引导孩子摆脱失恋的痛苦

有一天,林先生和儿子小斌在一起看电视,播到一则新闻:某校初三男生赵强对本班一名女孩爱慕已久,在暗恋三年以后,他终于鼓起勇气给那名女孩写了封情书,但却被女孩拒绝,于是,男孩一气之下,因爱生恨,将女孩毁容。

看到这里,林先生就试探性地问儿子:"你在学校有没有喜欢女孩子啊?"

"没有,我怎么可能呢?不过这个男孩真是变态哦,怎么能这样呢?可是,如果失恋了怎么办呢?"小斌一脸疑惑。

林先生说:"青春期的孩子对爱情并没有什么理性的认识,更缺乏稳定爱情观的支持,随着时间和空间的变化,他们可能就会'爱'上别人,因此,一般来说,青春期恋情多数是很'短命'的,也是流动性最大和最容易发生变化的,今天看你好,明天可能就不好;今天在这个环境喜欢这个,换一个环境又会又新的恋情。所以,我不能说绝对,但基本上,青春期的爱情都是不成熟和欠考虑的,不是真正的爱。很多少男少女都开始情窦初开,开始对异性同学产生倾慕的心理,这是很正常的,但要以正确的方法去处理这些事情,青春期恋情是不合时宜的,要学会跳出来看这份不成熟的感情,青春期的恋爱影响学习和目标实现,其结果是梦中的甜蜜,梦醒后的苦涩!而当跳出这份感情,然后理性的分析看待青春期恋情时,就不至于盲目的糊涂的去爱了。"

"哦,我明白,原来是这样。"

如何把握孩子心理

心理导读

的确，随着青春期的到来、对情感的懵懂理解，青春期的孩子会很容易搭上早恋这班列车。但同时，也可能有不少青春期孩子都有失恋的经历，比如好不容易下定决心送出的情书被退回以后，心灰意冷，自我价值被否定，以为是世界末日来了，提不起精神学习，没有激情生活，更有偏激的孩子，对异性报复打击，或者自我伤害。

青春期的感情是很单纯的，一旦认为自己喜欢上某个人，会钻牛角尖，怎么办？对此，我们不但不能横加指责，还要帮助孩子走出失恋的阴影。

专家建议

建议1　平心静气，理智地开导孩子

作为父母，我们要理解孩子青春期对异性产生倾慕的心理，当孩子真的失恋了，要给予宽慰，理智地开导孩子，尽早走出失恋的阴影。

建议2　帮助孩子转移视线

我们可以告诉孩子，不要将眼光始终放在那位异性身上，不妨改做一些有意义的事，去做自己喜欢的事情，做什么可以忘掉就去做什么，哪怕是暂时的。因为，本身青春期所谓的"喜欢"都是暂时的，很多人随着时间的推移就淡化和忘掉了。

其实，青春期恋情没有那么可怕，"恋爱像出水痘，出的越早，危害越小。"这句话是有道理的，恋爱是孩子们成长路上毕竟的一个过程，没有经过爱情的人不成熟的，在恋爱的过程中，了解异性、接触异性，也是有助于孩子自身的完善和发展的，这是他们心理成熟的过程，是成长中的代价，他们会在情感挫折中越来越成熟。从流动的、发展的角度去看青春期恋情，有时就不会那么如临大敌了，就可以平和应对和解决了。

但这些并不意味着青春期的孩子就可以肆无忌惮地不顾学习而恋爱，

努力学习，为目标奋斗，始终是青春期的主要任务，努力提高自己，让自己成熟起来，才能在成人之后，用更加正确的眼光去发现适合的人生伴侣。

总之，我们要让孩子明白的是，中学时代是打基础时期，将来从事何种事业还没有定向，他们今后的生活道路还很长。中学时代的早恋十有九不能结出爱情的甜果，而只能酿成生活的苦酒。当孩子能正确处理青春期的"爱情"和"失恋"时，也就能把握好人生的舵，不会过早去摘青春期的花朵。

第五章

关心孩子的人际交往：引导孩子懂人情识人心

对于成长中的孩子而言，他们主要的人际关系有三种类型：同伴关系、师生关系、亲子关系。当孩子在学习、生活上遇到挫折而感到愤闷抑郁时，向知心挚友一席倾诉，就可以得到心理疏导，身心也就更健康，学习更有劲。而那孤僻、不合群的孩子，往往有更多的烦恼和忧愁，甚至影响正常的学习和生活。作为父母，我们要明白的是，帮助孩子提高交际能力是家庭教育的重要内容，要做到这一点，需要我们从孩子的心理角度出发，了解青春期孩子渴望交朋友的心理，进而帮助孩子真正学会如何交友，如何交益友！

如何把握孩子心理

一、让孩子成为人人喜欢的万人迷

以下是一个初三男孩的日记:"我的性格还是比较外向的,长相虽然算不上出众,但是自我感觉还可以。学习也不错,班里前十名,可就是人缘不好,感觉周围其他男生好像都很反感我,看到他们和别的女生闹我也想去玩,可是却不知道怎样加入他们。听我一个好朋友跟我说,他的同桌跟他说比较反感我,也没有说原因,还说不许我那个好朋友告诉我。虽然我是知道了,可是我很无奈,也许是因为我说话的缘故吧,因为我真的不知道该怎样和同学们交谈,怎样才能让别的同学喜欢和自己说话,有共同语言。我到底该怎么办?"

心理导读

生活中,可能不少家长也听到孩子有过这样的苦恼:"不知道怎样才能被同学和朋友们喜欢。"的确,我们的孩子也希望交朋友,这的确是困扰孩子的一个问题。

对此,我们要告诉孩子,受人欢迎的万人迷一定是有人人喜欢的性格、品质的,而如果不被人喜欢,就要从自身寻找原因,这样才能有针对性地改变自己。比如,你可以这样说:"你可以先和好朋友聊聊原因,在自己回想下自己在哪方面做得不够,也可以让他们帮忙问问班里的其他同学为什么不喜欢你。也可以拿张纸出来,写出你认为班上的男孩受欢迎的原因,比方说他说话方式、内容,再与自己作对比,也就能找出原因了。"

☆ 第五章
关心孩子的人际交往：引导孩子懂人情识人心

作为父母，我们不但要成为孩子学习上的指导者，更要他们成长路上的知心朋友，但孩子有了烦恼和困惑后，我们要为其答疑解惑。

专家建议

孩子都想成为受人欢迎的人，对此，你要告诫孩子形成良好的交往品质，这些品质包括：

建议1　自信

自信是人际交往中重要的一个品质，因为只有自信，才会将自己成功的推销给别人认识，无数事实证明，这类人更赢得他人的欢迎。自信的人总是不卑不亢、落落大方、谈吐从容，而决非孤芳自赏、盲目清高，对自己的不足有所认识，并善于听从别人的劝告与帮助，勇于改正自己的错误。培养自信要善于"解剖自己"，发扬优点，改正缺点，在社会实践中磨炼、摔打自己，使自己尽快成熟起来。

建议2　真诚

"浇树浇根，交友交心。"想要交到真正的知心朋友，就要学会真诚待人，真诚的心能使交往双方心心相印，彼此肝胆相照，真诚的人能使交往者的友谊地久天长。

建议3　信任

在人际交往中，信任就是要相信他人的真诚，从积极的角度去理解他人的动机和言行，而不是胡乱猜疑，在心里设防护墙，因为信任是相互的，尝试信任别人，你也会获得信任。美国哲学家和诗人爱默生说过：你信任人，人才对你重视。以伟大的风度待人，人才表现出伟大的风度。

建议4　自制

与人相处，经常可能会因意见不同、误会等原因难免发生摩擦冲突，而面对摩擦，学会克制自己的情绪，就能有效地避免争论、"化干戈为玉帛"的效果。青春期女孩，要想克制自己，就要学会以大局为重，即使是在自己的自尊与利益受到损害时也是如此。但克制并不是无条件的，应有理、有利、有节，如果是为一时苟安，忍气吞声地任凭他人的无端攻击、指责，则是怯懦的表现，而不是正确的交往态度。

建议5　热情

在人际交往中，热情的人总是不缺朋友，因为别人能始终感受到她给的温暖。热情能促进人的相互理解，能融化冷漠的心灵。因此，待人热情是沟通人的情感，促进人际交往的重要心理品质。

人际交往确实是一门学问，其实，在教育孩子的过程中，我们不仅要让其学习到文化知识，更要着力培养他们好的品质，这样，他们在未来人生道路上会有更广泛的人际关系和更多人的支持和帮助。

二、教孩子敢于拒绝他人

洋洋是个腼腆内向的孩子，他从不和小朋友争东西，哪怕是他自己的东西，只要别人要玩，他就会默默放弃。

今年的洋洋13岁了。这天，洋洋又拿着自己的滑板车出去玩了。其他孩子都对洋洋的滑板车很感兴趣。洋洋就让别人玩，自己则站在旁边干巴巴地等，看着别人一个一个轮番上车，洋洋的脸上写满了无奈。

好不容易车子还回来了，可洋洋的手刚握住小车，脚还没有跨上去，又有一个孩子叫着要玩小车。

在旁边看着的洋洋妈妈气不打一处来，想自己的孩子怎么这么窝囊，自己的东西自己都玩不上。如果被掠夺的次数多了，洋洋肯定会越来越惧怕别的孩子，这会让洋洋更内向。

想到这儿，妈妈直接走到洋洋旁边，替洋洋吆喝着把车子要了回来。

☆ 第五章
关心孩子的人际交往：引导孩子懂人情识人心

那孩子的奶奶还嘀咕了一声："没见过你这么小气的妈。"其他孩子一看洋洋妈妈在身旁，都退到了一边。

妈妈大声对洋洋说："瞧你这个熊样，自己的东西，你想玩就玩，不想玩就不玩，怎么自己的东西反而被别的孩子抢来抢去，自己都玩不上！"

洋洋好像有一种无形的压力，他低着头，一声不吭。虽然，后来洋洋玩着自己的小滑车，可他并不开心。

心理导读

生活中，我们都希望我们的孩子懂得与人分享，养成慷慨、大方、谦让的美德。但任何事情都要讲究一个度，若是轻易承诺了自己无法履行的职责，将会带给自己更大的困扰和沟通上的困难，这就需要学会拒绝别人。

当然，教导孩子学会拒绝别人也需要父母的引导，因为拒绝别人实在不是一件容易的事。有些孩子在拒绝对方时，因感到不好意思而不敢据实言明，致使对方摸不清自己的意思，而产生许多不必要的误会，同时也容易给自己心理造成压抑。大胆地拒绝别人，是相当重要却又不太容易的事情。教会孩子学会拒绝别人，将使孩子受益终生。当孩子没有勇气拒绝的时候，家长就可以尝试下面的几种方法。

专家建议

建议1 教孩子泰然接受他人拒绝

在日常生活中，即便是在孩子小的时候，作为父母，你也应该在孩子头脑中强化一个概念：别人的东西不属于我。这样，也就明白了拒绝别人的必要。

建议2 让孩子坚持自己的决定

有些孩子不敢拒绝同伴的要求是因为害怕别人不跟自己玩，害怕被孤立，于是，别人要什么东西，他就会奉送，可是，事后他就后悔了。这种情况就是平常说的"没志气"，常发生在年龄较小的孩子当中。

这就需要家长逐渐培养孩子的果敢品质，自己说过的话、做过的事，就应该勇敢承担起责任来，自己拒绝同伴后就应该承担起受冷落的后果，而不是过后就反悔。

建议3　教孩子正确认识"面子"问题

孩子不敢拒绝他人还可能是为了照顾面子。比如，虽然自己的钱都是父母给的，但当别人来借钱去玩游戏时，为了面子还是借给别人。有些孩子甚至发展到别人叫他去做一些不合纪律的事情也会违心去做，而事后却遭到老师的批评。可见，让孩子学会拒绝就应该教孩子正确区分面子。

建议4　教给孩子委婉拒绝的技巧

拒绝别人的某些无法接受的要求或者行为时，妈妈要教给孩子应注意的方式、方法，不可态度生硬，话语尖酸。你要告诉孩子，先不要急着拒绝对方，可采用迂回委婉的方式说明自己的实际情况，既不违反自己主观意愿，还可以给对方一个可以接受的理由。以下是几种委婉的、孩子可以学习的方法：

（1）让孩子学会用商量的语气和别人说话。

告诉孩子，拒绝别人有时要和对方反复"磨嘴皮子"，直到对方认可。如此，就巧妙地拒绝了对方，避免冲突。

（2）让孩子学会间接拒绝别人。

开门见山，直截了当式的拒绝，犹如当头一盆冷水，使人难堪，伤人面子。父母要教会孩子学会先承后转的方法，这是一种避免正面表述、采用间接地主动出击的技巧。即首先进行诱导，当对方进入角色时，然后话锋一转，制造出"意外"的效果，让对方自动放弃过分的要求。

（3）教孩子善用语气的转折。

告诉孩子，当不好正面拒绝时，可以采取迂回的战术，转移话题也

好，另有理由可以，主要是善于利用语气的转折：首先温和而坚持，其次绝不答应。

（4）教孩子学会推迟别人的请求。

如果孩子不想答应别人的请求，父母可以教孩子用一拖再拖的办法，推迟别人的请求，比如说"我想好了再跟你说""我再考虑考虑"等，这都是一种委婉拒绝别人的方法，别人也会从孩子的推迟中，明白他的意图，也不会使双方过于尴尬。

总之，父母所要做的，就是教会孩子如何平和地、友好地、委婉地、商量地拒绝别人的要求；同时泰然自若地接受他人的拒绝，而不是为孩子解决、包揽问题。

三、鼓励孩子学会与人合作

最近，在学校组织的团体计算机竞赛中，亮亮和小江一组获得了冠军。在全校表彰大会上，亮亮说："今天我能站在这个领奖台上，除了要感谢老师和家长的帮助外，最应该感谢的是我的盟友，我的兄弟，万小江，如果他对我的支持和彼此完美的合作，我想我们是无缘拿到冠军的。因此，最高兴的是，通过这次竞赛，我看到了合作的重要性。"

一段话结束后，台下响起了热烈的掌声。而同样坐在台下的亮亮妈妈更是为儿子有这样的心态感到骄傲。

心理导读

案例中，亮亮的一番话很有道理。现今社会中，单打独斗的个人英雄主义已经行不通，任何一项任务的完成，任何一个产品的制作，都要分为好几个步骤和工序，由好几个人来共同完成。

俗语说：单丝不成线，独木不成林。叔本华说：单个的人是软弱无力的，就像漂流的鲁宾逊一样，只有同别人在一起，他才能完成许多事业从小我们就高喊：团结就是力量，合作就是力量。

当今社会，分工越来越细，任何人，都不可能单打独斗取得胜利，作为父母，我们自身也已经感受到，工作中，我们需要好几个人来共同完成一件任务，你再聪明、能力再强，也只有一双手、一个大脑，你不能单独取得胜利，只有得到他人的帮助，与他人合作，才能获得更大的成功的机会。同样，我们的孩子也是如此，现在的他们正处于性格品质形成的时期，他们并不知道如何与人合作，实际上，怎样与人合作也是一门学问，我们要告诉孩子，与人为善、以诚待人，才能巩固你的人际关系；学会团结他人，你手中的力量才会更强大。孩子只有现阶段学会与人合作，日后才会有所成就。

专家建议

我们父母一定要让孩子知道合作的重要性并在日常生活中着力培养他们与人合作的能力，只有这样，才能在未来社会真正实现与他人的共赢。

那么，男孩们，你该如何培养自己与人合作的能力呢？

建议1　鼓励孩子多参加集体活动

这种活动可以是游戏，也可以是竞技类的比赛，多参加此类获得，一方面孩子学会了欣赏别人，和同伴友好相处，共同合作；另一方面，在与同伴的交流中，学会如何克服困难、解决问题。

所以，在孩子课余学习时间参加一些有意义的活动，我们父母不能反对，反而要鼓励他们。

建议2　让孩子分享合作成功带来的喜悦

你要告诉孩子，无论你在集体活动中充当什么样的角色，你都要学会

分享集体的成功,如果团队的每个成员多能做到这样,那么,整个团队的向心力也会在无形中加强。

建议3　增加与男孩共事的机会,培养其合作能力

现代社会,很多父母都很忙,孩子每天忙于学习,这样,不仅造成亲子间的代沟越来越大,其实,作为家长的我们,如果能制造机会和孩子相处,比如可以与儿子参加晨跑,参加体育运动,如一起打球,一起游泳,一起旅游,这样不仅能增加与在子沟通的机会,还能在无形中提升孩子与人合作的能力。

建议4　让孩子学会与人商量

小敏经常与伙伴发生争执,这源于她的强硬和粗鲁。比如,抢曼曼正看着的童话书;偷踩月月新买的电动车……妈妈告诉小敏,伙伴之间可以交换书和玩具,但要学会和对方商量。不能蛮抢横夺。妈妈反复训练小敏这样说话:"我和你们一起捉迷藏好吗?""你可以把电动车借我玩吗?"慢慢地,小敏的嘴巴果真变"甜"了。一天,楼下的强强在玩玩具车,小敏很想试试,就走上前去对强强说:"我想玩玩你的玩具车,保证不会弄坏。你也可以借我的一样玩具,我们交换玩好吗?"不费吹灰之力,玩具车被小敏借到了手。

建议5　教孩子学会与其他成员加强沟通

这样,就能创造出和谐的合作境,成员彼此之间会乐于互相帮助,反映出团结、忠诚。同样的,沟通可以让成员公开坦诚地解决内部的冲突,找出冲突的原因。

总之,在教育孩子的过程中,我们不但要让孩子认识到与人合作的重要性,并学会与人相处的技巧、培养与人合作的能力。

如何把握孩子心理

四、教孩子正确面对朋友之间的冲突

飞飞、阿力和凡凡是最好的朋友，但偶尔也会闹一些小矛盾，尤其是凡凡和阿力之间。凡凡是一个内向的男孩子，而阿力大大咧咧，口无遮拦，有时候，因为一件小事，两人就会展开"战争"。

一天，大清早的，飞飞还在睡觉，阿力气呼呼地跑来，对飞飞说："凡凡怎么能这样，我怎么交了这样的朋友。"

"怎么了，发生什么事情让你发这么大的脾气？"

"昨天原本准备让你陪我去买周杰伦唱片的，你不是有事嘛，后来，就打电话给他，他在卫生间，电话是他妈妈接的，他说一会儿就出门的，结果我在他家楼下等了半天，也没看见他出来，于是，我就去他家找他，他却在家看电视，我问他为什么耍我，他说他根本不知道我找他的事，我一生气，就骂了他。你说，这人怎么这样？"

心理导读

很明显，这两个男孩之间的冲突来自于一个小误会，只要找机会沟通，就能解释清楚。俗话说："结交新朋勿忘旧友，一如浓茶一如美酒，情谊之路长无尽头，愿这友谊天长地久。"这是一首儿童友谊歌，每个人都需要朋友，注重关系的孩子更是。尤其是当今独生子女家庭，朋友让孩子更懂得爱，也让孩子的人生路走得更平坦，因为有朋友的陪伴，孩子也可以有一个灿烂的未来！但如果和朋友发生冲突，又该如何解决呢？

☆ 第五章
关心孩子的人际交往：引导孩子懂人情识人心

专家建议

建议1　要让孩子懂得反省自己

你要告诉孩子一个道理，如果你的朋友中，个别对你有意见，可能是对方的问题，但如果你在大家中被孤立或者被众人排挤的话，估计就是你的问题了，此时，你要做的就是反省自己，看看自己哪里不对，你试想一下，你是不是太"自我中心"了——凡事很少为别人着想，自己想怎样就怎样，或对朋友不怎么关心等。

建议2　让孩子懂得控制自己的情绪

"血气方刚"是年轻人的专利，情绪失控时会造成很多悲剧。我们父母要帮助孩子学会控制自己的情绪和脾气，要告诉孩子："当你被激怒时，或者当你觉得自己血往上涌，只想拍桌子的时候，千万要转移注意力，或者离开那个环境，当你学会控制情绪时，你就长大了。"

建议3　告诉孩子要大度、宽容

我们要让孩子明白朋友之间，难免个性不同，生活习惯不同，要学会彼此尊重和包容。人都是重情谊的，你帮他，他也会帮你，互相帮助中，友谊更加深厚。在深厚友谊的基础上，彼此给对方提一些意见是很容易接受的。不是什么原则上的大错误，不要斤斤计较，多包容。

建议4　帮助孩子正确看待每个人的长处和不足

人无完人，金无足赤。我们可以告诉孩子："如果你发现你的朋友在外面彬彬有礼而跟你在一起有点粗鲁，可能正说明他真的把你朋友，不能因为谁有某种不足就讨厌他，如果这个缺点不是品质上的，不是道德问题的话。大家能够走到一起，本身就是一种缘。"

建议5　让孩子多帮助别人和关心别人

我们要告诉孩子经常帮助别人的人，自己也会得到别人的帮助。"比如同学肚子疼了，给她灌一个热水袋，倒点热水；同学哭了，送她一块纸巾，拍拍她的肩膀，不用说话就能把关心传递过去，这都会让你和姐妹们的感情升温。"

　　总之，我们教育孩子，最重要的目的只一就是培养孩子的情商。随着年龄的增长，孩子的人际交往范围逐步扩大。人际关系中的矛盾，会使她们产生"困惑"、"曲解"或"冷漠"等消极心理，并导致她们产生认识偏差、情绪偏差，进而会做出不适应、不理智甚至极端的行为反应。因此，在孩子与人发生矛盾时，家长要加强教育，指导孩子学会处理各种人际关系中的矛盾，我们要帮助他从那种被排斥的感觉中逐渐成长，因为每一个人独特的与别人相处的方式，都是要经过一番努力才能获得的。当孩子开始有了自立、独立的能力后，有了与人交往的能力后，让他和同学、朋友一起玩，逐步提高谦让、忍耐、协作的能力。否则孩子总和父母与家人相处在一起，备受宠爱，培养不了这方面的能力，以后进入社会就不能很好地和同事相处。而教会孩子融洽的与人相处，你的孩子就可以利用人际关系登上成功的宝座！

五、让孩子拥有一颗感恩的心

　　1998年，清华大学有一个叫邹建的大二学生，他有着更大的求学愿望，他希望自己能进入哈佛大学深造，但此时，命运却跟他开了个玩笑，他的父母双双下岗了，这就意味着他和同时在上大学的弟弟都有可能要辍学。坚强的邹建决定边打工边上学，生活十分辛苦。

　　邹建的情况很快引起了唐山市路南区工商局的重视，党委书记陈振旺率先发动起来，团委书记王阿莉很快与清华大学取得了联系，清华大学很快提供了邹建的相关情况，路南区工商分局决定每月捐助邹建400元，直

到他大学毕业。一场跨区域的助学行动拉开了帷幕。"当时局里的36名青年团员每人每月出资10元，不够的部分就由工会补上。"一直参与此项捐助活动的王阿莉介绍说。

受到资助的邹建一直学习努力，他从清华毕业后，又顺利进入了哈佛深造，并在美国纽约的一家金融公司工作。

邹建是个懂得感恩的人，为了回报路南区工商分局的爱心，2006年2月14日，邹健的父亲给路南工商分局打来电话，告知邹建从美国寄来4000美元，他已兑换成人民币32125.60元寄给了路南区工商分局。

心理导读

案例中的邹建是个懂得感恩的人，而正是这份感恩的心，让他拥有了积极向上的人生态度，最终，他也收获了幸福的人生。

东汉文学家王符曾说："生活需要一颗感恩的心来创造。"从这句话中，我们能看到，一个人，如果能以感恩的心面对生活，那么，他看到的就是阳光，他就能感到幸福。

然而，不难发现的是，生活中，我们总能发现喜欢抱怨的孩子，他们喜欢抱怨学习太累、父母太唠叨，甚至会抱怨饭菜太差、衣服太难看等。其实，他们之所以经常抱怨，是因为他们缺乏感恩之心。对于这种情况，作为家长，我们有必要在孩子还在心智发展期的青春期就对其进行引导，让他们懂得父母养育他们之不易，知道所受到的爱是需要回报的，明白关心热爱父母家人是起码的孝心和良心，理解和帮助他人是最基本的社会道德。

专家建议

建议1　让孩子明白他无时无刻不在接受别人的帮助

可能你的孩子并未意识到，在他成长的道路上，他无时无刻不再接受他人的帮助，接受他人的恩惠，对此，我们可以告诉他："自从你出生，

如何把握孩子心理

父母就在哺育你，教你做人做事的道理；跨入校门，老师就无怨无悔地把毕生所学传授给你；遇到难以解答的学习问题，好心的同学也总是帮助你；而国家和社会，也为你提供了安定的学习和生活的环境；甚至生活中那些陌生人，也在无形中对你提供帮助……"这样，孩子就会明白，他需要报答的人太多。一旦孩子有了、一颗感恩的心，那么，他还会抱怨父母的不理解、老师的严厉吗？

建议2　引导孩子理解父母

我们可以语重心长地对他说："居家过日子，难免磕磕碰碰，有时候，我们父母的行为、语言可能导致了家庭纷争，可能不太恰当，但请你一定要理解，我们都是希望你好……"

实际上，任何一个父母何尝不希望自己的子女能在生活中多关心一点自己呢？教会孩子懂得理解父母，他们会懂得知恩图报、孝顺父母。

建议3　告诉孩子不要忘记经常对身边的人说"谢谢"

有时候，孩子可能认为，周围人对他的帮助是理所当然，但我们要让他明白，没有谁应该对谁好，所以，你应该对他们说"谢谢"。

建议4　鼓励孩子为社会尽一份微薄的力量

一些孩子可能能认为，我只不过是个普通人，哪里能为社会做多大贡献。但家长要告诉孩子，社会就是由千千万万这样的普通人组成的，每个人只要身边做起，多关心国家大事，多关心慈善事业，那么，哪怕你只捐出一块钱，哪怕你只是简单地拾起了马路上的一片废纸，你也是为社会的发展尽了一份力量。

总之，懂得感恩的人是幸福的，我们如果希望自己的孩子内心快乐、平和，就要培养他们用感恩的心看待世界，这样，由于懂得体谅、理解和感激，关心尊重他人，他就会得到他人的肯定和信任，关心和帮助，他事的业就比较容易成功。他的内心存在真与善，知足与美好，就会有更多的快乐。

六、鼓励孩子多为他人着想

一位初一的语文老师在给学生批改作文的时候,读到这样一篇文章:敬爱的王老师,希望您不要让我妈妈和我一起上学了,说句心里话,妈妈为此付出了太多太多的心血。妈妈天天有洗不完的衣服,中午哥哥回来前妈妈要把饭做好,哥哥吃完饭就走,到了下午妈妈也要早点做饭,爸爸要从早上7点上班到11点才回来,妈妈还要给爸爸做饭……我保证,我再也不调皮了……

当这位语文老师读到这里的时候,流下了心酸的泪水,孩子终于能理解家长的苦心了。原来事情的经过是这样的:这位同学的名字叫王兴,是学校初一的学生,调皮捣蛋,成绩不佳,作为班主任的这位语文老师只好把孩子的妈妈请到了学校,并让孩子的妈妈来学校陪读管孩子。为了能让孩子继续留校读书,从当日下午起,这位妈妈便开始了自己的"陪读"生涯,每天家里和学校来回跑,妈妈为此痛苦不堪,王兴看在眼里疼在心上。为此,他偷偷给班主任王老师写了一封信,乞求老师不要再让妈妈陪读了……

从此,这名叫王兴的初一学生好像换了一个人,他开始认真学习,开始想对妈妈好,开始感激老师……

心理导读

看完这个故事,相信不少父母也都会感叹,如果我的孩子也懂得换位思考、懂得理解别人就好了。

不得不说,现实生活中,不少孩子与周围的一些人发生矛盾,都是因

如何把握孩子心理

为不懂得换位思考导致的，每个孩子在成长的过程中，独立意识都在不断增强，我们若希望男孩成为一个贴心、善解人意的人，就要在这个阶段对他们进行引导。

专家建议

建议1　让孩子学会分享

在许多人眼里，帮助他人意味着付出，意味着对自我的克制，其实更多的人还是在助人的过程中发现了快乐，帮孩子体会与人分享带来的快乐，他会更愿意与人分享并帮助他人。

建议2　让孩子学会换位思考

孩子之所以会自我中心，因为他不知道自己的行为会给别人带来什么样的负面影响，可以引导孩子站在他人的角度思考问题，学会换位思考。

有位家长这样是教育自己的孩子的："有一次，朋友给我的儿子买了一顶帽子。儿子一戴，抱怨帽子小，戴着还觉得头皮发痒，一脸的不高兴，更没有主动表示感谢之意，弄得我很生气，朋友也一脸尴尬。等朋友走后，我就问儿子：'如果你买了一个礼物送给别人，结果人家看到你送的东西一脸的不高兴，你心里会怎样想？如果对方高高兴兴地接受，并大大方方地谢谢你，你是不是会很愉快呀？'儿子知道自己做得不对了，当天就打电话给送礼物的阿姨表示感谢，并为自己的失礼道歉。后来，儿子渐渐学会换位思考，没有我们的指点，他也能独立地面对别人的好意而主动说出感谢、感激的话了。"

建议3　给孩子提供练习关心他人、为他人着想的机会

如爷爷下班回来，爸爸帮爷爷倒杯茶，就让孩子为爷爷拿拖鞋；奶奶生病了，妈妈为奶奶拿药，就让孩子为奶奶揉揉疼的地方，或者为奶奶凉凉水；自己头痛时就让他帮按摩按摩太阳穴，日子长了，孩子会学会许多他应该做的事情。再如上街买菜时，就让孩子帮忙拿一些他能拿动的东西，有好东西吃就他让送给家人吃，或者邻居家的孩子吃，孩子每碰到类似情况，孩子就会如法炮制，慢慢就会养成关心他人的习惯。

建议4　对孩子的关心他人的行为给予表扬和鼓励

如孩子帮妈妈擦桌子、扫地了，妈妈就要口头表扬孩子"呀！宝贝长大了，知道疼妈妈了，今天能帮妈妈干活了"；当孩子与邻居小朋友玩时，将玩具主动的让给同伴玩了，就抚摸着他的头"你真棒"，或者给孩子一个吻等。

总之，在平时，家长应有意识地去引导教育孩子，爱孩子应爱得理智，我们要多鼓励孩子为他人着想，这样，在孩子幼小心灵里埋下爱的种子，孩子就会主动地关心别人，并能主动给予。这对于孩子的人格发展很有必要，也不能忽视！

七、理性引导孩子与异性交往

一天，张太太给女儿菲菲收拾房间的时候，无意中看到从被子里掉出来的一张纸条，她就开始看起来：

"今天我遇到一件我怎么也想不到的事情：下课铃响了，上了一节课后，浑身难受，我就来到走廊上，舒展一下手脚向远处眺望，有一个男孩慢慢朝我这边走来，他不是学校的学生会主席吗？很多女孩都喜欢他，暗恋他。他身高1.78米，好帅，好神气，从不正眼看一个女孩。我赶紧移开视线，谁知他来到我身边递给我一张纸条就走开了，我悄悄走到角落打开一看：放学后，我在校外等你。我的心怦怦直跳，脸一下就红了。

放学后，我来到校外，果然他在那儿，他迎上来拉着我的手就走，我很快甩开他,他又来拉,我没拒绝了,心里喜滋滋的。他带着我来到咖啡屋,我们找到一个角落点了两杯咖啡,他眼睛直直地看着我,很深情,一句话也不说,我怪不好意思的,低着头也不说话。他终于开口了:'我喜欢你,我们交往吧。'我吓了一跳。心怦怦跳得更厉害了,不敢正眼看他,跑开了,我该怎么办?我又不敢跟妈妈说。"

看完这些,张太太的心里也久久不能平静。她知道,女儿的内心也是矛盾的,毕竟,女孩永远对爱情有着美妙的幻想,希望有灰姑娘的爱情,但必须要告诉孩子学会正确地与异性交往,不能陷入早恋的泥潭。

心理导读

与异性同学间的友谊是青春期的孩子之间最为敏感的话题,同性间的友情是可以公开的,但也会对某个异性格外关注,他们会把这一好感藏在心里,当被同学或家长问起来时,他们不愿承认。这恰好反映出青春期孩子的矛盾心理,这一时期的孩子会对异性产生兴趣,不过,他们的好感是不确定的、朦胧的,这期间,他们非常反感别人打探自己的想法,更讨厌别人来评价他们的做法。当家长、老师问及这方面的事时,他一般予以否认,仅说是普通同学关系,事实是,这一时期的孩子的情感正处于朦胧期、矛盾期,他自己也很难说清楚。为此,很多父母很担忧。

其实,青春期孩子之间的交往的后果,并没有如很多父母想象的那么严重,甚至有一些良性的结果,能实现优势互补。男生往往比较刚强、勇敢、不畏艰难,更具独立性;而女生则更具有细腻、温柔、严谨、韧性等特点。因此,从心理学角度看,男女同学正常的交往活动可以促使双方互补,对性格发育和智力发育都有益。

进入青春期的男女同学都有同样的心理,都希望自己能够成为受到异性注目和欢迎的人,为此,他们会努力改变和完善自己,让自己变得更好，这是一个自我发展的好机会，能帮助孩子改善不少自身缺点。从小培养孩子与异性建立健康的情感，使他们能够理解异性、尊重异性，与异性发展自然的、友爱的关系，会为他们今后顺利地进入恋爱和婚姻关系奠定良好的基础。

而同时，单就青春期这一阶段来说，男女同学共同学习，相互帮助，友好相处，这是很有必要的，但与异性相处，一定要大方面对，那么，这个交往的原则应当如何把握？

专家建议

父母要告诉青春期的孩子，在与异性交往的过程中要注意以下三个问题：

建议1 要有良好的交往动机，以促进双方共同进步为前提进行交往

以良好动机为指引下的男女同学共同的学习、活动，才会不断产生新的健康的内容，产生不断向前迈进的动力。

建议2 要把握语言和行为的分寸

交往要大方、要尊重异性，并且要开朗、热情，同时要与异性同学互帮互助，真正体现异性间的友谊。

建议3 扩大交往的范围，尽量不单独与某一异性活动

积极主动参与集体活动，努力使自己成为集体中活跃的一员，保持男女同学之间正常的友谊，不要让友谊专注在某一个人身上。尽量不要单独与某一异性同学相处。

总之，面对孩子与异性交往的问题，我们父母不可捕风捉影，但也要留意孩子的行为和心理，并指导他正确处理和异性的关系，使其快乐地度过暴风雨般的青春期。

八、告诉孩子什么是真正的朋友

王太太的发现自己的女儿丽丽最近有点不高兴，经过问询后才得知，原来丽丽最好的朋友小芳最近有了新朋友，便不理丽丽了。王太太心想，怪不得这孩子最近也不来家里"蹭饭"了，也不和女儿一起说小秘密了。

一次交谈的过程中，小芳告诉王太太，她认识的这帮哥们儿人都很好，经常请自己吃饭，还带自己去玩，王太太心里便有点担忧，怕小芳交了不良朋友。

果然，不到半个月，小芳就跑来对丽丽说："原来他们并不是什么好人，那天，他们说要带我去玩，我们去了台球室，我亲眼看见他们勒索别人，我现在怎么办，他们肯定还会再来找我的。"

王太太对小芳说："别担心，以后回家的路上就和丽丽、菲菲一起，人多，他们不敢怎么样。另外，小芳，阿姨要告诉你，你这种交朋友的原则是不对的，这些社会不良青年就是要对你们这些单纯的青少年下手，他们往往用的就是同一种伎俩儿。朋友贵在交心，而不是物质上的，你明白吗？真正的朋友是帮助你成长成才的。"

听完王太太的话，小芳和丽丽都似乎不太明白，于是，针对择友标准，王太太给孩子们好好上了一课。

心理导读

青春期是每个孩子的人格发展和形成期，这时候，交什么朋友，与什么样的人交往，会对女孩的一生形成影响，不但影响着自己的言行、穿着打扮、处世方式、兴趣趣味，还影响着孩子自身的价值观、对自我的

认识。

交友是应该有选择的，而且要从善而择，和好人交朋友，孩子自身才能提高、完善。所谓"与善人居，如入芝兰之室，久而不闻其香"，长期与一个人在一起，自然会受到潜移默化的影响。

当然，对于尚未成熟的孩子来说，他们并不十分清楚何为正确的择友标准，这就需要我们在生活中潜移默化地告诉孩子。

专家建议

建议1 鼓励孩子拓宽自己的交友面

我们要多鼓励孩子通过广交朋友来完善自己，扩大自己的交友圈子，接纳不同类型的朋友，多层次、全方位的朋友无疑对孩子的发展是有益的，当然，还应鼓励孩子把那种见利忘义、损人利己的"小人"排除在外。

另外，我们要培养孩子要有广阔的胸怀，因为只有心胸开阔的孩子才能包容朋友的过错。你也可以告诉孩子：如果你能有一两个敢于直陈己过、当面批评自己过失的诤友，那就是真正的朋友。

建议2 培养孩子的观察力，教会其谨慎交友

古语云：近朱者赤，近墨者黑。是否能交到益友，关系到孩子的一生。所以，我们要教会孩子谨慎交友。你应该告诉他：

在还未了解对方基本品质之前，仅凭一时的谈得来和相互欣赏就急急忙忙贸然地把自己的信任与情感全盘托出，是容易为以后不良关系的展开埋下伏笔的。

我们还要让孩子注意，朋友要广，但不能滥，要恪守"日久见人心"的古训，通过与对方多次交往与活动，通过观察对方的言谈与举止，就可以洞悉对方的个性、爱好、品质，觉察他的情绪变化，从而判断他是否值得深交。

建议3 告诫孩子要与不良朋友划清界限

孔子曰："损者三友，益者三友。"孩子交上好的朋友，有利于自己

学习进步和个人身心全面发展，一生受益无穷。但孩子毕竟是孩子，还缺乏社会经验，也缺乏分辨是非的能力，父母不应该阻拦孩子交友，但也应该告诉他谨慎交友这个道理。要鼓励他交有道德、有思想、有抱负的人做朋友，要交遵纪守法、正直、善良的人做朋友，要交学习认真、兴趣广泛的人做朋友，而对于那些不良朋友，一定要划清界限，要知道，有些孩子受周围不良朋友的影响，拜金主义、享乐主义思想不断滋长，追求奢侈的生活作风，放纵自己，不仅荒废学业，还有可能走上违法犯罪的道路。

第六章

体察孩子内心的阴影：塑造孩子积极阳光的性格

瑞士著名的心理学家荣格说，播下一种行动，你将收获一种习惯；播下一种习惯，你将收获一种性格；播下一种性格，你将收获一种命运。我们不难发现，在我们生活的周围，有一些孩子总是很讨人喜欢，无论走到哪里，都有朋友，都不会感到孤单，这是因为他们有阳光般的性格，能让周围的人感到快乐。父母要教育孩子，不仅要教育孩子掌握知识、提高学习成绩，还要让他们在生活中逐渐形成自信、勇敢、豁达、乐观的个性品质，只有这样，孩子才能拥有一个乐天、愉悦的人生。

如何把握孩子心理

一、帮助孩子克服胆怯的弱点

一个小男孩正专心致志地拼装玩具超人。当他把超人拼装好时，被一个大个子男孩一把抢去，并被推倒在地。小男孩从地上爬起来，跑到妈妈面前哭诉。

原本妈妈应该去调查事情的真相，再严厉地批评大个子男孩一顿，然后安慰受伤的弱者，让抢玩具的孩子把玩具还给他，并且道歉认错。

然而这位妈妈没有这么做，她了解了事情的真相后，对挨打的男孩说："不要哭，你去把属于你的东西要回来。"

于是这个小男孩就跑上去夺回自己的玩具，还跟大个子男孩打了一架。虽然过程很辛苦，但他最后胜利了，妈妈看到了小男孩拿回玩具时自信的笑容。

心理导读

在生活中，家长往往教育孩子要学会谦让，或者通过成人的干预，为孩子解决难题，但却忽略了孩子应该从小懂得维护自己的权利和尊严，并在这一过程中获得自信。家长们，不妨放手，像那位妈妈那样，仅仅是给孩子一句鼓励，让他自己要回属于他的东西，同时，注意让他使用正确的方式。

培养孩子的勇气就必须从家庭教育开始。家长应鼓励孩子去战胜成长中遇到的困难。在遇到问题的最初阶段，孩子会不知所措，也有可能因受到伤害，产生抵触情绪，而丧失了自己解决问题的机会。但这是一个孩子成长不可缺少的阶段，所以我们要放手让孩子自己解决。

专家建议

那么，作为父母，该怎样帮孩子克服胆怯，让他勇气面对生活中的种种问题呢？

建议1　让孩子树立自信心

父母应该让孩子知道，树立自信心是战胜胆怯退缩的重要法宝。胆怯退缩的人往往是缺乏自信的人，对自己是否有能力完成某些事情表示怀疑，结果可能会由于心理紧张、拘谨，使得原本可以做好的事情弄糟了。

因此，父母要教导孩子在做一些事情之前就应该为自己打气，相信自己有能力发挥自己的水平，然后按照想法自己去努力就可以了。

建议2　扩大孩子的交际和接触面

一般来说，怯于表现的孩子面对众多目光只是觉得不安，并非讨厌赞美和掌声，您只要看看他们投向同伴的目光就知道了。因此，家长应有意识地扩大孩子接触面，让孩子经常面对陌生的人与环境，逐渐减轻不安心理。闲暇时，带孩子和邻居聊上几句，帮孩子与同龄朋友一起玩耍，建立友谊；购物时甚至可以让孩子帮忙付钱；经常到同事、亲戚家串门；节假日，一家三口背上行囊去旅游，让孩子置身于川流不息的游客潮中……随着见识的增长，孩子面对别人的目光时，便会多几分坦然。

建议3　让孩子学会照顾自己

父母要时时处处注意培养孩子的独立性、坚强的毅力和良好的生活习惯，鼓励孩子去做力所能及的事情，让孩子学会自己照顾自己。当孩子遇到困难时，父母不要一味包办，而要让孩子自己想办法解决。

当然，开始时父母要予以必要的指导，使孩子慢慢学会自己处理各种事，而不能一下子就不问不管，否则会使孩子手足无措，更加胆小。

建议4　切忌与同龄孩子对比或者辱骂孩子

我们应该不失时机地与孩子沟通，给孩子以鼓励和赞扬，帮助并引导孩子努力克服自身的弱点，尽可能避免孩子因胆怯所造成的心理紧张，以缓解孩子的胆怯，促进孩子健康成长。

建议5　多鼓励孩子在众人面前表演

有了家长的肯定，如果再加上外人广泛的认可，孩子的自信心会得到强化。带孩子走出小家，鼓励他迎着外人的目光勇敢地展示自己，这个过程可能较长，孩子的表现也会有反复，家长应有充分的心理准备。不妨先从孩子较为熟悉的环境入手，亲友聚会是个不错的选择，面对熟识的人孩子会比较放松。比如家长可以看准时机，轻声对孩子说："今天是外婆的生日，如果为外婆唱首歌，她一定特别高兴。"要注意的是，家长不一定非得当众大声宣布，要给孩子留有余地，众人期盼的目光或是善意的笑声都有可能加重孩子的排斥心理。如果孩子还是拒绝，家长不要再施加压力，给孩子个台阶下："是不是今天没有准备好呀？那下次准备好时再唱吧。"同时，为了减轻孩子的负面情绪，还可以给他一个微笑或拥抱，或找出别的理由对孩子进行肯定。

通过以上这些方法，当孩子获得赞美，体会到被肯定的喜悦时，自信心便会随之增强；而自信心的增强，反过来又会促使孩子勇于继续尝试。也许孩子一时并不能像那些天性外向、开朗的孩子那样乐于表现，但只要他能学会勇敢地展示自己，就是在把握机会，积极进步。长此以往，孩子自然也就不再胆怯了。

二、让孩子学会为自己"做主"

小星是一位电脑爱好者，平时一有时间，他就开始"钻研"电脑，但

☆ 第六章
体察孩子内心的阴影：塑造孩子积极阳光的性格

他的父母则明文规定，不许玩电脑，放学后必须做多少作业和练习，这让小星很不高兴，于是，放学后，他就尽量不回家，或去同学家或去网吧。不过说也奇怪，小星在这方面确实很有天赋，在市青少年科技创新大赛上，小星居然获奖了，这让他的父母吃了一惊，并重新认识了孩子"玩电脑"这一情况。但小星却不领情了，他用自己的奖金买了电脑，从此一放学就把自己关在房间里。有时候，父亲为了"讨好"他，主动向他请教电脑方面的知识，他也不理睬。

有一次，父亲听老师说小星自己建了一个网站，便想看看儿子的成果，这天，他看见自儿子的房门没关，电脑也开着，就打开看看，结果他却听到儿子在身后吼了一声："谁让你动我的东西？"因为自己理亏，父亲也没说什么，不过，从那以后，小星的房门上就多了一把锁。

心理导读

小星为什么不愿意和父母分享自己的个人爱好与努力成果呢？很简单，因为父母曾经否定过自己的爱好。很明显，面对孩子喜欢玩电脑，小星父母的处理方式不恰当，孩子对现代科技的爱好和探索，家长应予以正确的引导和鼓励，不能以一成不变、简单粗暴干涉的方式来约束他，应该突破传统教育的固定模式，家庭教育也需要与时俱进。

可能很多父母都会认为，孩子只要听话、省心就好，然而，可是，这样的孩子只能生活在父母的臂弯里，因为没有主见，更不能自立，这样的孩子是无法真正立足于社会中的，也很容易迷失自己。

专家建议

我们父母需要在日常生活中培养孩子的自主品质，具体来说，我们需要做到：

建议1 尊重孩子的爱好，鼓励他做自己喜欢做的事

孩子一会儿喜欢做做这个，一会儿试试那个，家长便会担心孩子无心学习，或者染上什么不良的习惯、会接触社会上那些坏孩子等问题。有时候，我们越是干预，越是阻止，孩子越要去做。其实，我们应该做的首先就是相信他，你要告诉他，无论你选择什么，爸爸或者妈妈都相信你，但是你也要做出让爸爸妈妈相信你的事情，在保证学习不受影响的情况下，爸爸妈妈允许你做自己喜欢的事。

建议2　给孩子表达意愿的机会

相当一部分家长害怕孩子走了错路，习惯于事事为孩子做出决定，而少有征求孩子的意见；一旦孩子不遵从，就大加责备。其实，家长在任何时候都要注意让孩子充分表达自己的意愿，给他表达自主思想的机会。

孩子是喜欢探索的，作为父母的我们，要学会引导他们，而不是一味地压制和制定规则，如果你总是告诉不许这个，不许那个，那么，孩子很有可能变成什么都不敢尝试的懦夫。

建议3　不要总是命令孩子

很多家长在要求孩子做事时，往往喜欢使用命令句式，因为他们以为，孩子天生是听话的，应该由别人来决定他的一切，如"就这样做吧"、"你该去干……了"。而这种语气会让孩子觉得家长的话是说一不二的，自己是在被强迫做事，即使做了心里也不高兴。

家长不妨将命令式语气改为启发式语气，如"这件事怎样做更好呢"、"你是否该去干……了"，这种表达方式会让孩感觉到家长对自己的尊重，从而引发孩子独立思考，按自己的意志主动处理好事情。

建议4　让孩子随时随地自主选择

家长对孩子自主选择的尊重，可以随时随地体现在最简单的日常生活中：

（1）吃的自主。

当孩子能力所及时，在不影响她饮食均衡的情况下，家长可以让孩子自己选择吃什么。例如在吃饭后水果时，家长不必强迫儿子今天吃苹果，明天吃香蕉，而让孩子自己挑选。

（2）穿的自主。

孩子也喜欢好看的衣服，家长带孩子外出玩耍时，在保证安全、健康的前提下，可以让他自己决定穿什么衣服，切忌随自己喜好而不顾他的感受。

（3）玩的自主。

不少孩子在玩游戏时，并不想让成人教给他们游戏规则，更愿意自己决定游戏的方式，并体验其中的乐趣。家长可让自己选择玩具和玩的方法，这样做可以极大满足她的自主意识，帮助她成为一个有主见的人。

当然，我们家长不给孩子制订太多的规则，不代表没有规则。具体事情要具体对待，可根据他出现的问题临时性给他制订规则，但一定要征求他的意见，请他参与到规则制订中来。

三、如何帮助孩子摆脱自卑

王女士是个心胖体宽的女性，虽然她比较胖，可是她自信、开朗、人缘关系很好，大家都愿意和她来往，现在她想起当年那些嘲笑自己的小伙伴，她一笑而过。

可是最近王女士仿佛看到了当年那些场景再现。有一天下班后，她来学校接女儿，就在学校墙角那里，她看到一群男生在欺负女儿。

"小胖妹，又矮又胖，将来嫁不出去咯。"

"这么胖，也跟人家一样穿紧身牛仔裤啊，真难看。"

"我见过她妈，哈哈，他们全家都是胖子啊。"

……听到这些后，王女士的女儿真的生气了，她捡起地上的木棍，朝

如何把握孩子心理

这些男生打过去。看到这一幕,王女士赶紧走过去,准备拉女儿走开,但没想到女儿却对自己的说:"都是你的错,把我生这么胖,我才被同学们笑话!你滚开!"女儿发脾气的样子,真的让王女士震惊。

"难道是我错了,我以为女儿和我一样自信,这个咆哮的女孩子真的是我的女儿吗?"

心理导读

事实上,和王女士的女儿一样,很多的孩子的心里都住着一个魔鬼——自卑。通常来说,我们都认为,那些自卑胆小的孩子脾气会更温顺,更听话,但事实上往往相反,这些自卑的孩子更敏感。但对于那些自信、情绪外显的孩子,他们更善于抒发内心的情感,因而懂得自我排解不良情绪,而那些自卑、内向的孩子,他们会把内心的不快郁结在心中,当他们的自卑处被挖掘出来的时候,他们的脾气就会爆发出来,甚至一反常态,这就是王女士感叹:"这个咆哮的女孩子真的是我的女儿吗?"

对于孩子来说,他们大部分的时间都生活在集体中,自然很容易把自己和周围的朋友、同学相比,当自己的某一方面不如他们的时候,自卑感油然而生,把这种不如人的想法积压在心中,甚至不愿意与朋友、同学相处。因此,他往往很敏感,抱有很大的戒心和敌意,不信任别人,一点惹不起,芝麻绿豆大的小事也会引发一场轩然大波。

专家建议

通常来说,他们之所以会有自卑心态,主要是因为三个方面的原因:学习成绩不如人、家庭条件不如人或者身体上的缺陷等,那么,作为家长,我们该如何帮助孩子消除自卑呢?

建议1　鼓励孩子以自己的方式追求自我

的确,青春期的孩子都标榜个性张扬、个性解放,他们有自己的喜

欢的发型、音乐、明星、服装等。而父母是无法接受甚至看不惯孩子的这种表达个性的方式的，他们有自己的审美眼光，他们会认为孩子的这种行为是哗众取宠，认为孩子无法理解。而实际上，这是孩子内心世界的一种表达，是疏导青春期不良情绪的一种方法，而如果家长加以压制，表面上看，你的孩子会听话、懂事，但实际上，他们会觉得自己落伍了、脱队了，自卑心也很容易滋生。例如，别人无意间说一句"你穿的衣服真土"，孩子就会怀疑自己穿衣品位和审美眼光，不仅如此，孩子还会产生郁闷、愤怒等情绪。

建议2　教会孩子掌握一些消除自卑的方法

其实，每个孩子身上都有无法代替的优点和潜能，你需要教会孩子懂得自我发现并发挥出来，那么，他就能自信起来。你不妨告诉孩子以下方法：

想一想：对于挫折，你要换个角度来想，挫折和失败是对人的意志、决心和勇气的锻炼。人是在经过了千锤百炼后才成熟起来的，重要的是吸取教训，不犯或少犯重复性的错误。

比一比：与同学、好友相比，这没错，但不能只看到自己的缺点和不如人的地方，你要这样想，我虽说比上不足，但比下有余，及时调整心态，以保持心理平衡。不因小败而失去信心，不因小挫折而伤掉锐气。

走一走：到野外郊游，到深山大川走走，散散心，极目绿野，回归自然，荡涤一下胸中的烦恼，清理一下浑浊的思绪，净化一下心灵的尘埃，换回失去的理智和信心。

作为家长，我们都知道，如果我们总是用消极的心态对待一切事情，那不但什么事情都做不好，而且还会使自己产生无能、绝望的情绪。所以，在日常的生活中，家长就应时刻引导孩子，遇事要多向积极的方面考虑、用乐观的心态看待一切事情等。当孩子拥有积极的心态后，他们往往就能很自然地保持积极的自我情感体验了。

四、除掉孩子心中"嫉妒"这颗毒瘤

彤彤妈妈有一天正走出小区,准备上班去,碰到了楼上的邻居,这个邻居的儿子也刚上初一,和彤彤在一个学校。

邻居对彤彤妈妈说:"现在的孩子,怎么小小年纪就有嫉妒心呢?对门张姐的女儿成绩好,我无意中夸了一句,儿子就愤愤不平地说:'老师包庇她。'开始我也没当回事。期末考试前,那女孩的几张复习的试卷丢了,就来我们家,向我儿子借着复印,儿子一口咬定卷子借给表妹了。可是儿子根本就没有表妹,而且,那天晚上,我看见儿子的书桌上竟然有两份复习试卷,很明显,那女孩的试卷是被儿子偷了。我当时真是六神无主了,儿子怎么会这样呢?我意识到问题的严重性,焦虑万分,因为任何思想成熟的人都明白嫉妒是思想的暴君,灵魂的顽疾,我想帮助儿子改掉嫉妒的陋习,可我真不知道怎么办?彤彤妈,你说我该怎么办?"

心理导读

我们每个人都生活在一定的人际范围内,都会不自觉地常常喜欢与他人作比较,但当发现自己在才能、体貌或家庭条件等方面不如别人时,就会产生一种羡慕、崇拜、奋力追赶的心情,这是上进心的表现。但有时也会产生羞愧、消沉、怨恨等不愉快的情绪,这后者就是人的嫉妒心理。

不只是我们成人,我们的孩子也渴望友谊,每个孩子也都有几个朋友,但似乎这些孩子间都有一个威胁友谊的最大的杀手——嫉妒,因为在同龄的孩子之间,往往免不了竞争,因此,一些孩子在面对比自己优秀、比自己成功的朋友时,就会产生心理不能平衡,"和她做朋友,感觉

自己像个小丑一样，简直是他的附属品"，这种心理很多孩子都有过。

作为孩子的第一任老师，父母在培养孩子健康的竞争心态上起着极为重要的作用。在培养孩子竞争意识的过程中，也应让孩子明白，竞争不应是狭隘的、自私的，竞争应具有广阔的胸怀；竞争不应是阴险和狡诈，暗中算计人，而应是齐头并进，以实力超越；竞争不排除协作，没有良好的协作精神和集体信念，单枪匹马的强者是孤独的，也是不易成功的。

专家建议

建议1 让孩子认识到嫉妒心理的危害

只有让孩子改变孩子的认知，让孩子认识到嫉妒的危害性，他才会有意识地克服妒忌心。那么，妒忌心的危害有哪些呢？家长不妨为孩子列出以下几条：

（1）对自己来说，嫉妒只能说是一种自我折磨，因为嫉妒憎恨别人又无法启齿。这样，只会让自己在痛苦中煎熬。有人曾说过嫉妒心是不知道休息的，它具有最持久的消耗力，会直接影响到人的身体健康；不仅如此，心怀嫉妒的人，往往妒火中烧，忧心忡忡，人际关系不良。因为通常情况下，心怀嫉妒的人会把这种消极情绪转化为行动，比如，对被嫉妒者冷言冷语、背后说坏话、故意挑毛病等方式，设法令对方难堪，打击自信心。

（2）对别人来说，被嫉妒者往往因挫折反而勇敢进取更显优秀。当你对那些被嫉妒者给予伤害时，只能激发对方的斗志，那么，对方便会更加进步，而你只能停留在嫉妒中不可自拔，可见嫉妒无损他人而折磨自己。

（3）嫉妒是丑陋的。从近处说它破坏友谊。集体中互相学习互相帮助，共同进步的正气多么令人愉快，而嫉妒者不顾同学之情，朋友之谊，为发泄憎恨而干损人不利己的蠢事，结果只能被嘲笑和孤立。从远处说，一旦道德堕落，干出伤天害理之事，还将受到社会谴责、法律惩处。

建议2　教育孩子在竞争中要学会宽容

现实生活中，部分在竞争中失败的孩子，往往会流露出不高兴的情绪，会对对手充满敌对情绪，从这点，也能看出这些孩子还不能用正确、积极的态度面对竞争，这就要求我们在培养孩子竞争意识的同时，还要培养孩子好的竞争心态，要告诉孩子，在竞争中要宽容待人，让他明白竞争应该是互相接纳和包容的，而不是狭隘的、自私的。

建议3　教孩子在竞争中合作

竞争愈是激烈，合作意识就愈是重要。唯有竞争没有合作只能造成孤立，带来同学关系的紧张，给自己平添许多烦恼，对生活和事业都非常不利。

比如，你可以告诉孩子："这次比足球赛中，××队的确赢了，但你发现没有，他们这个团队合作得非常好，实际上，你所在的团队每个队员都有各自的优势，但却有个缺点，那就是你们好像都只顾自己，这是比赛中最忌讳的。"

总之，作为家长，培养孩子的竞争能力，就要让孩子明白只有与嫉妒告别的人，才有可能获得最后竞争的胜利，取得优秀业绩。

五、帮助孩子走出抑郁的困境

明明曾是那么充满活力的一个孩子，学习成绩一流，还是学校排球队的队长。他在教学楼的走道里，停下来向每个他认识的老师和同学问好，但仍然可以快速地准时在上课之前赶到教室。但现在，他却不再问候任何人，动作也不再敏捷。他看起来并没有病，他说自己没有精力，在快要考

试的这段时间，他也不能集中注意力。后来经心理医生诊断，他患了抑郁症。

心理导读

和明明一样心理抑郁的孩子并不少见，抑郁的表现形式各有不同，对孩子影响最普遍的形式是：

（1）大部分时间感到沮丧或忧愁；

（2）缺乏活力，总是感到累；

（3）对以前喜欢做的事情缺乏兴趣；

（4）体重急剧增加或急剧下降；

（5）睡眠方式的巨大改变（不能入睡、长睡不醒或很早起床）；

（6）有犯罪感或无用感；

（7）无法解释的疼痛（甚至身体上没有任何毛病）；

（8）悲观或漠然（对现在和将来的任何事情都毫不关心）；

（9）有死亡或自杀的想法。

生活中，不少孩子也可能出现其他症状。由于逃课或缺乏兴趣和动力，他们在学校的问题会越来越多。他们也可能拒绝管教、开始大量饮酒或使用毒品，以此来表示他们的愤怒和漠视。总之，任何形式的抑郁都使孩子感到孤立、恐惧和非常不快乐。抑郁的孩子不知道自己哪里不对，他只知道自己的感觉糟透了，不像以前的自己。当他感觉越来越糟的时候，他会感到自己越来越没有力量：不能控制自己的心情和生活，好像有一种神奇的东西在控制自己。某些青少年努力通过饮酒、吸毒来排解抑郁的痛苦，这只会使抑郁更严重。还有一些人则试图自杀。

可见，抑郁这种消极心态对孩子成长的影响，家长帮助孩子赶走抑郁刻不容缓，这才会让孩子重新找回快乐。

如何把握孩子心理

专家建议

那么,家长应该怎样做呢?

建议1　让孩子爱好广泛

开朗乐观的孩子,一定也是个爱好广泛的孩子,而如果孩子只有一种爱好,那他很容易因为暂时无法拥有这一爱好而不快乐,比如,对于只爱看动画片的来说,如果这天晚上不播放动画片,他就会不快乐、生气等,相反,假如他还喜欢跑步、照顾小动物或者看书的话,那么他的生活将变得更为丰富多彩,由此他也必然更为快乐。

建议2　引导孩子摆脱困境

即便是那些天性乐观的孩子,也不可能万事顺心,但是大部分的孩子遇到了困难,能自我调节,将内心的失意与不快消化掉。我们父母最好能在平时的生活中着力培养孩子应对困境的能力,如果孩子暂时无法摆脱,那么,可以让孩子学会忍耐,做到随遇而安。

建议3　让孩子拥有自信十分重要

自卑的孩子不会开朗、乐观,自信的人才会快乐。对于那些内心自卑、不快乐的孩子,父母一定要在生活中发现他们的长处,及时给予赞扬和鼓励,逐步帮助孩子克服自卑、建立自信。

建议4　不要对孩子"控制"过严

不妨让孩子在不同的年龄段拥有不同的选择权。如允许2岁的孩子选择午餐吃什么,允许3岁的孩子选择上街时穿什么衣服,允许4岁的孩子选择假日去什么地方玩,允许5岁的孩子告诉买什么玩具,允许6岁的孩子选择看什么电视节目……只有从小就享有选择"民主"的孩子,才会感到快乐自立。

建议5　鼓励孩子多交朋友

不善交际的孩子大多性格抑郁,因为享受不到友情的温暖而孤独痛苦。性格内向、抑郁的孩子更应多交一些性格开朗、乐观的同龄朋友。

建议6　教会孩子与他人融洽相处

与他人融洽相处有助于培养快乐的性格，因为与他人融洽相处者心中较为光明。父母可以带领孩子接触不同年龄、性别、性格、职业和社会地位的人，让他们学会与不同的人融洽相处。此外，父母自己应与他人相处融洽，热情待客、真诚待人，给孩子树立起好榜样。

所以，作为家长，当你发现孩子有一些抑郁症状时，应引起重视，多鼓励孩子，发现并表扬孩子的优点，树立孩子的自信心。家长可为孩子选择幽默、笑话、歌舞等类的影视节目或图画书，建立轻松愉悦的生活环境。让孩子记录自己的优点，记录一些愉快的事情，并每天拿出来看一看，建立自信和良好的情绪。

六、别让孩子成为被虚荣腐蚀的"玛蒂尔德"

每次开家长会后，很多家长都会向学校和老师反馈一些教育难题。这不，就有一些初一家长和老师们交换意见了："我女儿每个星期天一回到家，就会对我提出各种要求：'同学们都买新球鞋了，我的球鞋一点也不好看，更不是名牌，太丢人了，我要买双名牌。'"

这位家长刚说完，其他家长也跟着附和："我儿子说：'我的电脑太旧，人家笑话我是老牛拉破车。你什么时候给我买一台新的？'"

"女儿大了，有了攀比心理，这我理解。但是家里经济条件并不太好，孩子每次提出要求，我都很为难。请问，有什么方法可以既不伤害女儿的自尊，又能消除她的攀比心理？"

"现在的孩子怎么了，做父母的不容易啊，为他们提供这么好的学习

如何把握孩子心理

环境，怎么还要求这要求那的呢？"

"是啊……"

家长们七嘴八舌地说了起来。

心理导读

可能很多父母都为这样的问题感到苦恼：孩子小小年纪就虚荣心作祟，盲目追求与攀比。虽然虚荣心是一种常见的心态。但虚荣心对孩子的成长具有很大的妨碍作用，最重要的是，孩子爱虚荣，有碍真正的进步，甚至会形成嫉妒成性、冷酷无情的性格。

作为父母，我们也许看过法国作家莫泊桑的小说《项链》，小说的女主人公叫玛蒂尔德，她是一个被虚荣心所腐蚀而导致青春丧失的悲剧人物。

因此，家长如果不希望自己的孩子被虚荣心侵蚀，甚至成为马蒂尔德那样的人，就要从生活中开始关心孩子，对孩子过于讲究穿着的现象不能掉以轻心，更不能盲目迁就，而应该加强对孩子进行健康的审美教育，正确引导，帮助他们克服不良消费观念和消费行为，形成正确的消费观念和消费行为。

专家建议

建议1 以身作则，提高孩子的审美情趣

孩子的很多行为观念是受父母耳濡目染的，尤其在审美情趣上，如果父母也盲目追求名牌或者奇装异服等，孩子自然上行下效，比如，妈妈如果告诉女儿："这件衣服虽然不贵，但穿在女儿身上还是很好看的！"这样，女儿就会认为，不一定贵衣服才好看。

另外，现在很多家长有炫富心理，认为现在生活条件好了，不必省吃俭用。孩子是自己的招牌，让孩子吃好、穿好，面子自然就有了，其实，这也是对孩子的思想观念的一种误导。

建议2　转变孩子的攀比兴奋点

孩子有攀比心理，说明他内心有竞争意识，想达到别人同样的水平或者超过别人。家长要抓住这种上进心理，改变孩子比吃、比穿的消费倾向，引导孩子在学习、才能、毅力、良好习惯等方面进行攀比。

当然，家长要注意的是：改变攀比兴奋点不是一件容易事，重在引导，而不是生拉硬拽地让孩子转移自己的攀比兴奋点。例如，当孩子和同学比穿着的时候，有的父母生硬地说："人家有钱，你家没钱，有本事你就和人家比学习，将来超过他，赚大钱了自己买新衣服。"这样的话只能让孩子感到不如他人，甚至产生自卑心理。

建议3　让孩子认识到学习才是他的天职

作为父母，应教育孩子集中精力搞好学习。要通过教育，使孩子明白自己是一名学生，而学生的主要任务是学习，应把主要精力放在学习上。孩子攀比，你可以告诉他，他应该与同学比成绩、比品德等，而不是比吃穿。这样，孩子就会把攀比的焦点放在学习上了。

建议4　帮助孩子充实内在，淡化虚荣心

有些父母认为，孩子在的主要任务就是学习，当然，这是正确的，但不要把全部的眼光放在提高孩子的学习成绩上。只有充实孩子的内心世界，他才不会盲目与人攀比，比如，你可以为孩子购买一些能充实孩子内心的书籍，这样，孩子就不是一个"绣花枕头"，孩子很爱看书，自然也就不会整天琢磨外表或其他的事情了。

总之，攀比也是很正常的心态，每个人都或多或少都有攀比心，包括成人。良性的攀比能使人奋发。我们的孩子如果不经父母的帮助和指点，很容易盲目攀比而误入歧途。因此，家长要引导孩子，不要让孩子在物质上比，而是要比学习、比品德、比做人的本领、比对集体的奉献、比各自的理想、比自己的特长，在这样一种良性的竞争中，你的孩子一定会健康的成长！

如何把握孩子心理

七、如何让孤独的孩子向你打开心扉

张女士是一名公务员，在单位颇有业绩的她也对女儿寄予厚望，希望能按照自己的想法规划她的人生，女儿一直也是大家公认的乖乖女，但不知从什么时候起，女儿好像变得孤僻了，再也不愿和长辈们说话了。

最近一段时间，张女士还发现，女儿的书包里好像多了一本日记，难道女儿有什么秘密？不会是交了男朋友吧？怀着强烈的好奇心，一个周末，张女士趁女儿不在家，看了日记，令张女士意外的是，女儿并没有什么秘密，日记的内容只不过是学习压力的倾诉以及与好朋友相处的过程中遇到的问题。

看到这些，张女士悬着的心终于放下了，但从这件事之后，细心的女儿居然给日记上了锁，这让张女士又产生了很多疑问。

心理导读

案例中的张女士的教育方法很明显不恰当，只会引起孩子的反感。有时候，孩子写日记，并不是因为孩子有什么见不得人的秘密，只是他们需要找一个倾诉的对象。

不少父母感叹，孩子一旦长大了，就孤独了，就不愿意再向自己倾诉了，他们对于以前父母灌输给自己的种种思想也产生质疑，甚至不再相信成人，因此，他们既觉得孤独，又需要一个倾诉的对象。此时，他们会选择一个完全属于自己、父母不会干涉的空间，并将属于自己的心情、小秘密都倾诉出来，于是，他们会锁上房门，打开自己的日记本，将一天来遇到的快乐的、不快的、激动的、气愤的、伤心的事情都写下来，当他写完

起身时，发现心情平复了，感觉也好多了，虽然可能问题还是存在，事情未有转机，但他已经把极端的情绪从体内部分地转移到了日记本上，心里轻松了许多。

作为父母，我们除了要保护孩子的日记外，还要找到与孩子的沟通方法，只有这样，才能让孩子对你敞开心扉。

专家建议

建议1　了解孩子身心发展的过程和特点

的确，孩子在成长的过程中很容易出现各种问题，也包括变得孤僻。对此，家长不必焦虑，而应该调整心态，以平常心对待，否则反而会影响亲子关系。

建议2　改变以往的教养方式

我们不再以对待小孩子方式对待正在向成人转化的孩子，对孩子要有尊重的意识，孩子是一个独立的个体，不能以自己的想法代替孩子的想法，所以要学会倾听孩子的心声，而不是一味地管教。这样才能化解孩子的对立情绪，愿意把心里话说出来。

建议3　"蹲下来看孩子"

理解孩子就要学会和孩子沟通。怎样沟通？就是"融进去，渗出来。"

有一位国王的儿子生了一种怪病，认为自己是公鸡，别人与他讲话他就学鸡叫。有一个人找到国王说他能治好王子的病。他一看到王子，就钻到案子底下学鸡叫，两人一下子通了，在一起玩、吃、住。慢慢两个人感情深了。突然有一天，这个人说，我要变成人了，王子也说，我也要变成人了。

这个寓言故事很好地阐述了"蹲下来看孩子"的教育理念，也就是说，蹲下来，你才能看到和孩子眼界里一样的世界，就更容易理解孩子看到了什么，在想些什么。只有这样，才可以达到有效的沟通。

建议4 尝试与孩子建立起"朋友"的新型关系

随着孩子年龄的增长，他们会产生一系列独立自主的表现。他们要求和成人建立一种不同以往的朋友式的新型关系，迫切要求老师和家长尊重和理解自己，如果家长和老师还把他们作为"小孩"而加以监护、奖惩，无视他们的兴趣、爱好，他们可能以相应的方式表示不满，甚至产生抗拒的心理。一般来说，孩子上学以后，就开始疏远父母而更乐于和同龄人交往，寻找志趣相投、说得来的伙伴。他们的交往范围也不断扩大，先在班级中而后可能发展到班外甚至校外。

因此，我们家长不要再把他们当作"小孩子"来对待，要放手让他们独立处理一些事情，尊重他们的意见，信任他们，主动和孩子商量家中的一些事情，满足他们的正当要求。这样，他们便同样以朋友的身份与你沟通了！

八、如何培养出性格豁达的孩子

这是一位妈妈的教育心得：

我们经常利用各种节假日，带孩子游览祖国的大好河山，受益匪浅。尤其是孩子上了三年级以后，我们带他出去旅游的机会就更多了，比如带他领略泰山的雄伟壮观；带他到内蒙古，体会那种"天苍苍，野茫茫，风吹草低见牛羊"的壮阔；带他游览海南岛，观赏热带森林植物的瑰丽和神奇。我们没有刻意地去教育孩子要有宽广的心胸，但是，孩子却在这

☆ 第六章
体察孩子内心的阴影：塑造孩子积极阳光的性格

一次次的游览中，增长了知识，开阔了眼界。令我们高兴的是，孩子在一次次的经历中，拥有了宽广的胸怀，很少会因为日常小事儿无谓地烦恼了。

心理导读

故事中的妈妈的教育方法是值得我们学习的。古今成大事者，不但要有大志，一定也拥有宽广的胸怀。胸怀是人格的具体体现，具有宽广胸怀的人，才能成为人格高尚的人，而这正是家庭教育的目的之一。

的确，家长在教育孩子的时候，精神上的养育绝不能少，这样教育出的孩子才能不畏恶劣的生存环境和残酷的社会竞争，依然能够傲然挺立，拥有比天空还宽广的胸怀，打创出一方属于自己的天空。

专家建议

家长可以采取以下一些辅助教育方式，避免孩子狭窄心胸的形成。

建议1　在阅读中培养孩子宽广的胸怀

因为书籍中有无数值得孩子学习的心胸宽广的故事，这些故事对孩子的启迪远比家长的说教要好得多。

"我的孩子喜欢阅读，经常自己拿着书蹲在家里的地板上津津有味地看书。

孩子最喜欢看故事书。一次，孩子在读到《将相和》故事时问我：'妈妈，如果是我，我可不会背着荆条去请罪。'孩子说的是廉颇负荆请罪的事情。我告诉孩子，因为廉颇负荆请罪，因为蔺相如心胸宽广，以大局为重，所以，秦国才不敢侵犯赵国。还有一次，孩子读到韩信后来作了元帅，竟然宽恕那几个当年侮辱他的人的时候，不解地说：'这么欺负人，怎么还饶了他们呢？'我问孩子：'你不是想当一个好孩子吗？你不是希望自己将来能做大事吗？要成就大事，必须要有一个宽广的胸怀。'"

如何把握孩子心理

我们可以从这位母亲的教育中获得一些启示，还可以从生活中的一些现象出发，告诉孩子怎样才能拥有一个宽广的胸怀，比如不要斤斤计较那些鸡毛蒜皮的小事情，要欣赏他人的优点，不要嫉妒。把"海纳百川，有容乃大"这样一条格言贴在孩子的桌子上，作为孩子的座右铭，让他自我勉励。

建议2　身体力行，做孩子的榜样

家长是孩子的第一任老师，父母如何待人接物、心胸是否宽广，直接影响到孩子，父母平时要待人要和蔼，一些针尖大的事情，没必要斤斤计较，更不要发火和出口伤人，因为父母的一言一行都映射在孩子幼小的心灵上。

"我们经常教育孩子心胸要宽广，要宽以待人，对待他人要热情等。一次，楼上邻居晾晒的衣服上不断滴下的水把我洗好就要晾干的衣服又淋湿了，害得我又把衣服洗了一遍。但我只是客气地提醒楼上的邻居，没有生气发火。还有一次，我在送孩子上学的路上，被一辆自行车刮了一下，手很痛，骑车人不断地说对不起，我看着有些红肿的手背，只告诉骑车人要注意安全，就让他走了。孩子问我：'妈妈，你怎么让他走了？万一你的手骨折了怎么办？'我笑着对孩子说：'没关系，妈妈的手不会骨折。一会儿就会好的。叔叔也不是故意的。他已经道歉了。'"

总之，我们父母要明白，我们都想让孩子成为一个成功者，但真正成功的人一定是个心胸宽广的人，斤斤计较者满足于眼前的小利益，最终与成功无缘，因此，家长一定要注意孩子豁达性格的培养，不要让孩子原本豁达、宽广的胸怀被搁浅甚至埋葬！

九、个性幽默的孩子更积极乐观

有一位幽默的老师,经常妙语连珠,就连他批评人,也是意味深长,令人终生难忘。比如,考试有人翻书作弊,他说"微闻有鼠作作祟祟"。他说得如此含蓄委婉,被他批评的学生,还有谁再作弊呢!后来,他们班上的同学也都一个个变得很幽默。有位家长学习到了这种幽默的教育方式,他在教育儿子时,不自觉地也采取了幽默的方法,如儿子生气了,他说是"晴转多云";儿子伤心流泪了,他劝他"轻伤不下火线"。餐桌上,他还经常来几个即席小幽默,让大家开开胃。他这样做,活跃了家庭的气氛,拉近了和孩子的心理距离。培养孩子的幽默感不容易,不是一蹴而就的,需要循序渐进。

心理导读

大概每位家长都希望找到与孩子沟通的方式,都希望孩子能接受自己的教育方法。其实,尝试运用幽默来进行亲子之间的沟通,不仅能产生极好的沟通效果,还能让孩子逐渐获得幽默的个性品质,要知道,一个具备幽默感的人是更受欢迎的,因为谁都不会拒绝能带给自己快乐的人。

所谓幽默感,指的是通过语言或肢体语言的表达方式,让与自己互动的对象感到愉快的言语或举止。有这种言行举止的人,我们称为具有幽默感的人。具有幽默感的孩子通常很乐观,在生活中不断地制造欢笑,让周围的人感到轻松愉快,自己也会富有成就感和自信。因此具有幽默感的孩子,也较容易获得友谊。幽默还能帮助孩子更好地应对生活和学习中的压力和痛苦,因而幽默的孩子往往比较快活、聪明,能较轻松地完成学业,甚至拥有一个乐天、愉悦的人生。

专家建议

　　真正的幽默不是苦心经营的语言游戏，不是刻意制造的文字陷阱，它应该是一种洞察一切的睿智，是面对困境的从容不迫，是自然而然的生活积淀。每一个做父母的，都希望自己的孩子具有幽默感，可幽默感不是与生俱来的，是后天养成的。一个有幽默感的人首先是一个热爱生活的人，他要有乐观自信的人生态度，有积极进取的奋斗精神，即使面对失败也能坦然一笑。

　　人与生俱来就有幽默感的因子，如果父母能好好鼓励并加以培养，让孩子成为一个幽默的人不是一件难事。据研究发现，幽默感从出生后第一个月便开始了，如：婴儿在父母的逗弄下，便会呵呵地笑个不停；而1岁左右的孩子，会因为玩"藏猫猫"而狂笑不已。孩子希望自己拥有幽默感，这是他热爱生活的表现，每个家长都应该感到高兴。但幽默不仅仅是制造笑料，更要在幽默中体味生活，培养乐观向上的人生观和勇于开拓的创新精神。这比开心更重要。这表示孩子的幽默感正在形成，此时，培养孩子的幽默感。父母的协助是很重要的。在引导孩子具有幽默感特质时，应注意一些事项：

　　（1）幽默感的语言以不伤害他人为原则。

　　（2）幽默感的语言要注意人际间的礼貌。

　　（3）幽默感的动作以不涉及危险动作为原则。

　　（4）与孩子说笑话或表演滑稽的动作时，要考虑孩子的年纪。因为大人认为好笑的语言或动作，孩子不见得有同感。但孩子认为好笑的语言或动作，大人要陪孩子一起笑（虽然从大人的角度来看也不见得好笑）。

　　（5）孩子最快乐的莫过于做自己喜欢的事情。即使孩子不能完成，大人也不可操之过急，应耐心地等待、引导，并适时给予协助。

　　可见，充满幽默感的语言和事物能让孩子的眼睛亮起来，无形中也刺

激了孩子的思维和语言能力。当你对孩子说:"再不收拾玩具,以后就不给你买玩具了。"其实不妨加一点"幽默调味料",如"玩具们玩了一天都累了,要回家休息了,不然他们要哭了"。让自己和孩子在有目的语言和气氛中轻松一下。

总之,给孩子足够的空间,让他们寻找自己的生活乐趣,而不是独揽孩子的一切,就能培养出一个幽默健康、积极向上的孩子,好性格会让孩子受益一生!

第七章

关注孩子的心理健康：父母一定要懂的心理学常识

作为父母，我们都"望子成龙"、"望女成凤"，都希望孩子能出类拔萃，但这并不是家庭教育的全部内容，孩子毕竟是孩子，我们除了要让孩子学到文化知识和生存技能外，还要时刻关注他们的心理健康。另外，如果我们不能掌握孩子的独特心理、不了解他们的成长困惑，不掌握一些打开孩子心门的心理学方法的话，那么，我们便很容易陷入"孩子冲动叛逆，父母气急败坏"的教育困境。所以，我们有必要学些一些心理学常识，只有这样，才能有的放矢地帮助孩子解决在成长中遇到的困惑，使其快乐无忧地成长。

如何把握孩子心理

一、一定不要忽视孩子的心理健康问题

据媒体报道，湖北省荆州市一名女中学生，学习成绩很好，喜欢帮助同学，人缘关系不错，老师和同学都很喜欢她。但有一次，一个学习成绩差的同学让她帮忙作弊，谁料没有作弊过的她因为紧张过度被老师发现，最终被老师赶出考场。事后，她对这件事一直耿耿于怀，最后羞愧地跳入长江自杀身亡。对这名女中学生自杀事件，人们从各个角度在报纸上展开了大量讨论，谈得最多的还是孩子的心理健康问题。

心理导读

我们不得不承认，孩子在成长的过程中，总是会遇到这样那样的问题，这需要身为父母的我们进行引导，对孩子脆弱的心灵进行呵护，而不难发现，一些父母认为，教育孩子，只要让他们努力学习即可，实际上，学习知识只是对孩子教育的一个方面而已，家庭教育的一个重要职责是让孩子拥有健康的心理素质和独立完善的人格，否则，孩子永远无法独立于世。

北京大学儿童青少年卫生研究所公布的《中学生自杀现象调查分析报告》显示：中学生5个人中就有一个人曾经考虑过自杀，占样本总数的20.4%，而为自杀做过计划的占6.5%。其根源都与心理承受力有关。

我们的孩子将来会生活在一个更多变化的社会，他们将会面对职场的激烈竞争，复杂的人际关系，也免不了一生中遭遇情场失意，事业

☆ 第七章
关注孩子的心理健康：父母一定要懂的心理学常识

困境，生意败北……总有一天，我们要先我们的孩子而去，如果孩子没有过硬的心理素质和健康的心理状态，如何在这样激烈的竞争中取胜呢？

所以，作为父母，要时刻观察孩子的行为动态和心理变化，关注他们的心理健康，一旦发现他们出现了心理问题的苗头，就要及时做好指路人，帮孩子疏导心理问题，以防问题积压，酿成大错。

专家建议

作为家长，要这样做：

建议1　为孩子营造和谐的家庭环境

父母、家庭成员之间相亲相爱、关系和谐，这是融化孩子所有心理问题的前提，事实上，在这样的环境下成长的孩子出现心理问题的概率更小。对此，专家建议，家长应为孩子提供一个安定、和谐、温馨的家庭氛围，要让孩子一颗纷乱的心安定下来，这样孩子才会接纳来自父母的帮助。

建议2　随时观察孩子的情绪和心理变化

父母在生活中不要只关心孩子的学习成绩、名次，也要关心他们的情绪变化，比如孩子在学校有没有受到什么委屈，学习上是不是有挫败感，最近跟哪些人打交道等。当然，了解这些问题，我们要通过正面与孩子沟通的方法，不要命令孩子，也不可窥探，孩子只有真正感受到来自父母的关心，才愿意向你倾诉想法。

事实上，我们的孩子的都是脆弱的、敏感的、容易受伤的，当孩子出现不良情绪时，你要让孩子尽情宣泄，就让他去哭个涕泪滂沱，而不是劝孩子"别哭别哭"，"男孩子不能哭"这样的话。告诉孩子："我知道你很难过。"或者什么都别说也好，给孩子独处的空间和时间去消化自己的情绪，帮孩子轻轻带上门就好。

建议3　压力是百病之源，帮孩子卸下心理压力

曾经有这样一则调查报告，报告称：在被访的中学生中，35％的学生称"做中学生很累"，有34％的学生表示有时"因功课太多而忍不住想哭"，对于孩子遇到的高强度的学习压力，不少父母给予的并不是理解，而是继续施压，让很多父母恐慌的是，在被调查的学生中，竟然还有1/5的学生有过"不想学习想自杀"的念头。

建议4　在生活中着力培养孩子的意志力

有一个中学男孩，其父母都是老师。在小学时，他的成绩一直名列前茅，从来都没有考试失利过，随后顺利考入某重点中学，但入学后，这所学校和他一样的尖子生比比皆是，他很难再独占鳌头，于是，他在一次考试失利后，选择了离家出走。

现在的孩子的心理承受能力越来越差。在学习方面，过分注重自己的学习成绩，只要一次考试成绩不理想，就难过万分，甚至开始讨厌读书学习；人际关系方面，他们把自己封锁起来，不知道怎么与同学、老师打交道；被老师、家长偶尔批评一次就产生逆反情绪而离家出走等，这些都是孩子输不起的表现。

然而，这些问题，"病"在儿女，"根"在父母。父母对孩子过多的照顾和过度的保护，使孩子无法得到磨炼，没有经受困难与挫折的心理准备和能力。表面上看，这些孩子个性十足，其实内心里十分脆弱，就像剥离的蛋壳，稍一用力，就成了碎片。

总之，对待孩子心理偏离的这一问题，我们首先在平时应注意观察孩子心理情况。当孩子出现心理偏离时，父母首先要做的就是从自己的角度去找原因。假如孩子只是轻度的心理偏离，只需要父母改变教育方式即可，而孩子出现了明显的心理偏离时，比如孩子产生学习困难、交流障碍时，则要求助于专业人士了。

二、孩子患有心理疾病会有怎样的症状

张女士最近发现，女儿阳阳最近总是失眠，晚上熬到三点多才能勉强睡去，可是，一会儿又会醒来，上课的时候，也开始注意力不集中，老师讲的内容听不进去，大脑空空。一回到家，她就自己关上房门，有几次，张女士都看到女儿莫名地流泪，问她什么，也不说，只是经常告诉张女士："我好累。"起先，张女士并没有在意，以为女儿肯定是最近学习压力大了，心想带女儿出去逛逛街，应该情况会有所好转，但事实并不是如此。最后，无奈的情况下，张女士带着女儿来看心理医生。

阳阳告诉医生："我从不认为自己很差，但我觉得自己像'白开水'。我感觉自己既不是很可爱也不是不可爱，觉得自己没有任何特别的地方。小时候，我常受到父母的忽视。他们从未虐待过我，也没有关注过我。由于生活中没有人在乎过我，这使我产生了空虚感。"

心理医生后来告诉张女士，原来阳阳患了抑郁症，庆幸的是，病情还不是很严重，经过几个月的治疗与疏解，阳阳的情况改善了很多。

心理导读

阳阳的情况的并不是个案，不少孩子都遇到过，而作为父母的我们也为此担心。近年来，各类媒体报道中经常出现孩子的悲剧：孩子轻则不与人交流、自闭，重则砍杀父母、自虐自杀……一宗宗骇人惊闻的报道，触目惊心、入耳心寒。孩子原本是父母、教师和祖国的希望，何以会出现上述令大家匪夷所思的行为呢？其实这是因为我们的孩子有了心理疾病。

近年来，家长、教师及一些专家和心理医生都发现，越来越多的孩

如何把握孩子心理

子经常出现头疼、失眠、记忆力减退等神经衰弱的情况。这都是心理疾病的症状。对于儿童来说,除了儿童孤独症、儿童多动综合症以外,有夜惊症、强迫症、恐怖症等心理疾病的儿童已达到病人总数的10%左右。

专家认为,孩子有心理疾病,会在行为、言语、生活习惯上表现出来,这应该引起老师和家长注意。

专家建议

专家建议家长要注意孩子在生活中的行为变化和原因,多和孩子沟通,看看孩子是否有心理障碍。

建议1 抑郁症

抑郁症的表现有:大部分时间感到沮丧或忧愁;缺乏活力,总是感到累;对以前喜欢做的事情缺乏兴趣;体重急剧增加或急剧下降;睡眠方式的巨大改变(不能入睡、长睡不醒、或很早起床);有犯罪感或无用感;无法解释的疼痛(身体上没有任何毛病);悲观或漠然(对现在和将来的任何事情都毫不关心);有死亡或自杀的想法。

心理专家认为,能否敞开心扉是抑郁症患者能否摆脱抑郁的关键。作为家长,要在生活中多观察你的孩子,如果孩子有以上症状,表明你的孩子抑郁了,你要帮助孩子敞开心扉,必要的情况下要带孩子咨询心理医生。

建议2 强迫症

强迫症多表现为敏感多疑、过分克制、思虑过多、优柔寡断、注重细节、做事要求十全十美。生活中,如果你的孩子总是重复做同一件事、无法停止时,就有可能患上了强迫症,精神医学家又称之为强迫性神经症。它是指以强迫观念和强迫动作为主要表现的一种神经症。

建议3 恐怖症

恐怖症表现为性格怯懦、胆小害怕、内心总有不安全感。

我们还应特别注意观察孩子有没有"心理问题躯体化"表现,所谓

"心理问题躯体化"就是孩子的一些心理问题会表现在身体上的不适，比如产生一些困惑，如紧张、焦虑等不良情绪后，告诉家长或医生的则是头疼、失眠、胃不舒服、没劲儿等。

另外，一些孩子在出现心理问题前，还存在一定人格上的缺陷，多数患者发病前，人格上有一定的缺陷。发病时则与心理、社会因素有关。比如：强迫症多数是由精神创伤或紧张、痛苦的心理压力诱发的。所以从小开始培养孩子具有健康的人格十分重要。

总而言之，不管你的孩子现在孩子多大，只要是发现孩子出现行为异常、学习困难、睡眠障碍、性格缺陷、情感障碍、社交不良、性角色偏差等情况，都应该及时带孩子去心理门诊，请心理医生和你一起关注孩子的心理发展，帮助孩子健康成长。

三、被溺爱的孩子更容易心理扭曲

司马光系北宋大臣、史学家，他的一生不仅自己生活十分俭朴，更把俭朴作为教子成才的重要内容。他十分注意教育孩子力戒奢侈，谨身节用。

他常说"平生衣取蔽寒，食取充腹"，但却"不敢服垢弊以矫俗于名"。他教育儿子说，食丰而生奢，阔盛而生侈。为了使儿子认识崇尚俭朴的重要，他以家书的体裁写了一篇论俭约的文章。在文章中他强烈反对生活奢靡，极力提倡节俭朴实，并明确指出：古人以俭约为美德，今人以俭约而遭讥笑，实在是要不得的。他告诫儿子："侈则多欲。君子多欲则贪慕富贵，枉道速祸；小人多欲则多求妄用，败家丧身。"

如何把握孩子心理

司马光还不断告诫孩子说：读书要认真，工作要踏实，生活要俭朴，具备这些道德品质，才能修身、齐家，乃至治国、平天下。在他的教育下，儿子司马康从小就懂得俭朴的重要性，并以俭朴自律。他历任校书郎、著作郎兼任侍讲，也以博古通今，为人廉洁和生活俭朴而称誉于后世。

心理导读

司马光的教育方式值得我们现代社会的很多人学习，我们教育孩子就是要培养他们能吃苦、勇敢、坚韧、独立、有责任感、真诚坦率、机智果断的品质。而那些被溺爱的孩子，就被剥夺了这样一个品质形成的过程，也就更容易心理扭曲。

大量数据表明，心理扭曲的孩子中间，不少是被父母惯坏的孩子。生活中这样的例子并不少见，由追星导致自杀是因为盲目崇拜；对同学泼硫酸是因为嫉妒；攀比是由于虚荣；刻苦却失败也许是因为紧张，也许是因为拖延或意志薄弱等。面对这样的事实，家长们和很多教育人士不禁要问：这些孩子们到底怎么了？

根据他们的成长环境，我们不难发现，他们的生活条件更优越，他们衣来伸手、饭来张口，父母对于他们期望值很高，但实际上，他们根本没吃过苦，家长希望他们独立，而家长想培养的孩子的独立性只是表面现象。他们所谓的不管孩子，是给他们大量的金钱，让其挥霍，放任自流，家长固执地认为"不管"孩子就能使其有独立性，其实长期"不管"孩子不但不能使其真正独立和健康成长，反而会给孩子的心理带来伤害，这使得孩子产生对金钱的依赖性，并且还有一定的攻击性。

还有一些孩子，他们受到了教育的"温室效应"的毒害，教育的"温室效应"主要是指受教育者受到家庭、社会、学校尤其是家庭方面的过分溺爱，造成他们任性固执、追求享受、独立性差、意志薄弱、责任感淡漠等弱点的社会现象。面对这些现象，作为家长，应该引起重视。

专家建议

建议1　让孩子独立面对生活中的问题

现实生活中，很多家长爱子心切，舍不得让孩子吃一点点苦。他们舍不得让孩子放弃优越的环境，舍不得让孩子离开父母的保护，舍不得让孩子自己去奋斗，甚至是一点小小的生活问题，都为孩子打理的很好。当孩子面对一点小挫折时，也总是让孩子站在自己的身后，替孩子解决，于是，今天的很多孩子就一直在父母晚辈的过度保护和关爱之下成长。这种环境中成长的孩子自私任性，不知道每一粒米都来之不易，也不知道如何料理自己的生活，经历不起一点波折和苦难，事事依赖别人，长大后也难以自立。父母爱孩子的正确做法，是应该让他独自去面对，摔倒了，让他自己爬起来，几经摔倒和磨难的孩子定会理解父母的爱和良苦用心，孩子会得到一笔宝贵的人生财富。一个人一点苦不吃，一点苦不受，怎么能得到财富呢？

建议2　教育孩子形成一种艰苦朴实的生活作风

我们常说"大富由天，小富从俭"、"聚沙成塔"、"滴水穿石"，都说明了节俭在生活中的重要，真正聚集生活的财富，除了要"开源"，还要"节流"，别忽略了"当用不省"的道理，否则不就成了"守财奴"、"铁公鸡"，有可能委屈自己又影响了生活质量，甚至失去了助人行善的机会。父母要教育孩子把金钱用在刀刃上，比如，可以带孩子经常参加一些社会公益活动，让他认识到金钱的真正价值。

建议3　设置一些苦难情境

家长可以带孩子参加一些公益活动，认识到人性的美好和苦难，增强他战胜困难的信心。

总结起来，身为父母的我们要想让孩子拥有坚韧的心理品质，就要在其成长的阶段，多给孩子独自面对的机会，相反，溺爱更容易使其心理扭曲！

四、孩子的自尊心该怎样维护

小宁已经三天没回家了，这让周太太和丈夫如热锅上的蚂蚁，小宁一直是个很乖巧听话的孩子，他还是学校初三年级的学生会主席，这次怎么突然说不见就不见了呢？

给了学校打了几次电话之后，周太太才了解到，原来前几天儿子代表学校参加了全市初中生英语演讲大赛，而因为紧张，他表现不大好，没拿到奖项，被学校的一些同学嘲笑了几句，原本儿子打算把这次的奖状当做是自己15岁的生日礼物，但没想到却是这样的结果。周太太明白，小宁一直都很好强，但这次的失利无疑对他来说是个很大的打击，更别说被同学在背地里说来说去了，怪不得这对儿子会"玩失踪"，后来，周太太想到一个地方——小宁外婆去世前留在农村的老房子。果然，小宁就在那里，见到爸爸妈妈，小宁哭了，哭得很伤心。

心理导读

案例中的小宁之所以失踪，是因为失败后被同学嘲笑而感觉自尊心受到打击。的确，自尊是人活于世的根本，自尊才能自信，才能自强，而作为父母，一定要维护孩子的这种自尊心，只要这样，孩子才能以健康的人格和心态去迎接社会，而自信必不可少。

可是生活中，很多父母面对孩子情绪不对或者陷入困境时候，不是采取鼓励的措施，而是打压或者生硬地斥责；也有一些父母，总是希望自己的孩子能按照自己的意愿行事，结果导致孩子叛逆、自卑等，其实，这都是对孩子的不尊重，也伤害了一个孩子的尊严，对于成长期的孩子，我们

只有给足尊严，他才会自信。

专家建议

建议1 尊重孩子的个性

每个孩子都是与众不同的，如同我们不可能找到两朵相同的花儿。每个孩子孩都有不同的感受事物的方式、玩耍的方式、思维的方式、学习的方式、享受的方式。正是这些"个别的特性"使他与众不同。

因此，家长要尊重孩子的个性，真正的了解你的孩子，才能根据其个性打造其独特的人生，让他更自信的生存。

建议2 孩子也要面子

俗话说："树要皮，人要脸。"孩子也和成年人一样，他们也有"面子"，也需要得到众人的尊重。当他做得不好时，你马上指出来的话，有没有考虑场合，考虑他的自尊心呢？

如果你当着别人的面说："看人家多自觉，你能不能长进点？"你会发现，孩子以后的问题会越来越多，而且越来越不听话。因为你不给孩子留面子。如果你当着老师的面、亲戚的面数落他，那情况就更糟，他要么变成可怜的懦夫，要么成为一个偏激者。因此，父母切记：不要在孩子面前说太多坏话。否则，你的"抱怨"会毁了孩子的社会形象，也毁了自己在孩子心中的形象。

建议3 不要总是负面地评价孩子

一般来说，如果孩子学习成绩不好或者在竞争中不断受挫时，一般会出现负面情绪，此时，我们要对孩子的归因引导应有一定的引导策略，孩子输了的时候，不出现"是因为你笨！"之类的评价，避免孩子将失败归因于自己能力差等内部因素，引导孩子在竞争中学会分析自己的能力、任务的难度、客观环境等，客观地进行归因。

建议4 尊重孩子的观点，比如多和孩子交流，听听孩子的心声

"我爸爸非常专横。他不和别人讨论任何问题。他只是表明他的观点并宣称其他人都是愚蠢无知的。他总是试图告诉我该思考什么，如何做每一件事。小时候不懂事，我以为爸爸是对的，可是长大后，他还是这样，到最后我只能对他的任何话都充耳不闻。"

这是一个12岁女孩的心声，或许这也是很多这个年纪的孩子的心声，做父母的很容易因为自己的身份和智慧而变得过于自信，而在毫无察觉的情况下做出一些宣告、决定和断言，压制了孩子日益成长的寻求自身对事物独立看法的要求。这实际上是要让他按照你的观点和价值观来生活。这种"统治方式"造成的结果无非有两种，孩子的叛逆或者自卑、没主见、不自信。家长要明白，你越是将自己的观点和价值观强加于他，并自以为他会与你分享，他拒绝接受它们的可能性就越大，即便一个较小的孩子也是如此。

建议5　帮孩子找到竞争的优势

我们要鼓励孩子，告诉他不必过分在你别人的评价，要相信自己。每个人都不可能是全才，有长处也有短处。能帮助孩子找到自己的优点，帮助孩子建立坚定的自信，这是我们家长首先要做的。家长要引导孩子挖掘自己的优点，不断强化，使孩子走出自卑的困扰而变得自信起来；帮助孩子发现自身优点和长处是克服害怕竞争的良方。

以上这些方式都是家长应该学习的，用正确的方式引导孩子的行为，维护好他的尊严，才不会伤他自尊，这也是让孩子维持自信的最佳方式！

五、别忽视了孩子的自我认同感

有位家长这样陈述自己的教女经历：

"我女儿从两岁时，就希望自己是个男孩，为了让女孩喜欢自己是

第七章
关注孩子的心理健康：父母一定要懂的心理学常识

个女孩，我首先带女儿逛儿童服装店，欣赏女孩服装，看到色彩鲜艳、款式多样的女童装，女儿恨不得让我把所有服装都买回家给她穿。我再带她到外婆家看表哥的衣服，一对比，孩子就发现：男孩的衣服不如女孩的好看。我说：'要是变成男孩了，只能穿和哥哥一样的衣服了。'女儿似懂非懂地点点头。晚上洗澡的时候，我还对她说：'我们女孩还很讲卫生，从来不随地大小便。'洗完澡，我给她穿上漂亮的裙子，让她照镜子，欣赏自己。我说：'做女孩多好哇！妈妈帮你变成男孩吧，把你的漂亮衣服送给别的小朋友吧。''不要！'女儿急着叫了。"

心理导读

很明显，这位妈妈是个有心人，她之所以让引导女儿爱上女孩子的服装，就是为了让孩子认同自己的性别，对性别的认同是自我认同感的一个方面，的确，一个人只有喜欢和认可自己，才有可能被人喜欢，才会有勇气和自信去赢得别人的认同。

其实，每个孩子都是一个独立的生命个体，都有着无法复制的一些特征，正是这些特征，让孩子在父母心中有无法替代的位置。一个孩子只有喜欢并接受自己，包括优优点和缺点，相信自己是最棒的，才能在人生的路上勇往直前、无所畏惧。著名宗教领袖马丁·路德金说过："世界上所做的每一件事都是抱着希望而做成的。"接受并喜欢自己，是建立自信和勇气的前提，而这就需要父母的富养，让孩子从小在温馨和谐的家庭环境中成长，给孩子一个阳光积极的心态，才是真正的富养之道。

专家建议

每一个人都需要自我认同感，对于成长中的孩子也一样，但实际上，很多时候，自我认同感的缺失，是父母的教育造成的，比如，从小给孩子贴上了"弱者"的标签，把孩子的缺点当成娱乐的对象，对孩子大加指责等，都会让孩子有一种"无用感"和"自我否定感"，长期在这种心理状态笼罩下的孩子，是很难有勇气和自信的。

那么，家长该怎样做才能让孩子喜欢自己，然后逐步建立起勇气和自信呢？

建议1　让孩子喜欢自己的性别

这是最基础的，只有先获得身份的认同，才能让孩子以自己的性别身份生存、生活、与人交往，从而赢得一种自我价值的肯定，对那些不喜欢自己性别的孩子，家长一定要采取措施及时引导，案例中的这位母亲就是我们学习的榜样。

建议2　扩大孩子的交友范围，赢得友谊，友谊对孩子极其重要

朋友们认可他，帮助他产生归属感。他们经常分享感兴趣的事物，陪他打发时光，为他带来快乐，让他建立身份认同。他会想："和这样的人做朋友，我就是像他们一样的人。"真正的朋友在对方遇到麻烦的时候，不离不弃，为之提供支持。换言之，真正的朋友，对于他获得身份认同、建立自信、培养社交能力及给他带来安全感，都是非常重要的——如果他的朋友都是"良友"的话。

朋友几乎就是他个人的延伸。作为父母，一定要明白，拒绝他的朋友，就是在拒绝他本人，这使得你想开口对他说他交错了朋友变得格外困难。如果他的朋友想要破坏你的计划，挑战你的价值观并引发你的担忧，在你采取行动试图将他们排除在他的朋友圈之外前，请一定要慎重考虑。他们可能确实是正常的孩子，只是想挣脱大人的束缚而已。在你禁止任何事情之前，主动和你的孩子交谈，因为禁止可能导致事与愿违的后果。

建议3　告诉孩子：自信源于成功的暗示，恐惧源于失败的暗示

自信源于成功的暗示，恐惧源于失败的暗示。积极的暗示一旦形成，就如同风帆会助你成功；相反，消极的心理暗示一旦形成，又不能及时消除，就会影响一生的成功。

总之，父母是孩子人生路上的导航者，孩子在成长中，难免出现一些

负面消极心态，父母要给予及时的排解，培养出一个勇敢、积极的孩子，是父母给孩子一生最好的礼物！

六、孩子任性，是有心理需求

"我的女儿今年刚满了4岁，聪明可爱，因为我们工作很忙，长期是爷爷奶奶带的，但我们每天都抽时间过去和她玩。因为她小时候没吃过母乳，身体多病，所以爷爷奶奶对她照顾很周到，总是担心她生病。女儿两岁就上了幼儿园，学习接受能力都不错，就是性格上比较任性，有点我行我素，比如上公开课，教师点她发言，其实她会，但就是不配合，还跟我们说，不想让这么多不认识的人听她念课文，听教师说平时点她发言蛮配合的，学习效果可以的。每个新学期开学，小远总是要哭几次，不过我们走后，她上课做游戏都很积极，也很喜欢上幼儿园。

这个暑假，她进步蛮大，喜欢学习生字，玩玩具也有耐心，但是就是性格更加任性，有时可以说固执，比如看电视时有哪个节目上的字她不认识，而家里人又没有及时看到告诉她，就开始吵闹，吵得很厉害，我们每次都通过转移注意力的方式让她安静下来，次数多了真是觉得累。跟她说过多次道理，幼儿园的小朋友不认识字是很正常的，可当时答应得蛮好，过后又是一样着急和吵闹。到底怎么办才能让她能不任性了？"

心理导读

所谓任性，是指一个人不顾客观环境和条件，自己想说什么就说什么，想做什么就做什么，不听从别人的劝告，由着性子来。其实，这里我

如何把握孩子心理

们发现，这位家长认为自己的孩子任性是无理取闹，但实际情况并非如此，孩子缠着家里及时告诉自己生字，这是好学的表现，在班级不想让其他人听自己念课文，是对个性的追求，也许我们父母看到的是：孩子任性就是不懂事，却忽略了孩子任性背后的心理需求。

其实，生活中，我们经常看到一些父母忽略了这一点，当孩子因为自己的某个要求哭闹不止时，家长把这种任性，归咎于独生子女带得太娇惯。这都是错误的。

专家建议

据美国儿童心理学家威廉·科克的研究表明，孩子任性是心理需求的表现。他表示，随着幼儿生理发育，孩子接受到的事物越来越多，他们对事物的看法，不可能像成人一样全面，也不能进行细致的分析，他们只凭自己的感官去触碰，凭自己的兴趣来参与，尽管成人深知这样并不科学，但孩子就是孩子，我们不能以成人的眼光来要求他们，实际上，这种情绪和兴趣，就是孩子很想接触更多新事物的心理需求。所以，对自己的心理需求，他们通常会以任性的方式表达出来。

杰克今年4岁了，前几天，他的表姐来他家玩的时候带来一个新的玩具，等表姐走后，杰克便开始纠缠妈妈，非要妈妈也给自己买一个一模一样的玩具，但那时候天已经到夜里八点多了，他所住的小区离市区很远，该玩具只有在市中心某大型超市卖，也没有去市区的车了，妈妈就告诉杰克今天暂时不买，但杰克不依不饶，哭闹了一整夜。

这件事表面看起来是杰克任性，无理取闹。可他的妈妈从没有从心理角度去了解，她认为杰克非要那个玩具，是因为别人也有，纯粹是胡闹。而她忘记的是，杰克只是对那玩具感兴趣，如果自己也拥有一个的话，就能好好研究了。这就是一种好奇的心理需求。当他的这一心理需求得不到满足时，他就与母亲作对，无奈中只得以哭来抗议。不达到目的，绝不罢休。

所以，这个故事中，如果杰克的妈妈看到了孩子的这一心理，采取

表扬杰克为弄清那玩具为何闪亮是爱动脑筋和非常聪明,再摆出今晚不可能买到玩具的道理,并承诺明天将与他共同研究玩具闪亮的方法,可能孩子的情绪会好得多。至少,他心理上感到母亲对他在"闪亮"问题上的认可。

总之,作为父母的我们要明白,处于独立性萌芽期的幼儿,一切事物都想去触摸,去查看,都想弄个明白,这原本是好事。但是,这种"亲力亲为"的心理,往往会通过我们成人不认同的方式表达出来——任性。当然,对于孩子的任性行为,我们既不可包办代替,也不可断然拒绝。否则,孩子的任性就会越来越严重。这种任性,实质上是一种与家长对抗的逆反心理,其根源在于家长没有重视他们的心理需求。

七、逆反期的孩子该怎样相处

杨小姐是一名心理咨询师,她最近遇到了这样一个家庭:

妈妈是某公司的老总,她能把公司管理得井井有条,但对自己的儿子,她却用"无能为力"来形容,因为不管她说什么,儿子总会与她对着干。在无奈的情况下,她才找到了心理咨询师。杨小姐试着与这个孩子沟通,但出乎她的意料,这个孩子很合作。

"为什么总是与妈妈做对?"

他直言不讳地说:"因为妈妈总是像教训、指挥员工一样来对待我,我都感觉自己不是他儿子,所以我总是生活在妈妈的阴影里。"

这时,杨小姐终于明白了,一定是这位妈妈用错了教育方式。于是,她把这对母子请到一起,当着孩子的面把孩子刚才说的话讲给了她听。妈

如何把握孩子心理

妈听后非常诧异，过了一会儿，她十分激动而又真诚地对儿子说："儿子，你和我的员工当然是不同的，妈妈希望你更出色！"

听完这句话后，杨小姐立即给予纠正："您应该说：'儿子，你真棒，在妈妈心里你是最优秀的，我相信你会更出色。'"

这位母亲不明白为什么要纠正，杨小姐说："别看这是大同小异的两段话，其实有着很大的不同，前者是居高临下的指挥，后者是朋友式的赞美和鼓励，我觉得您在教育孩子上，不妨换一种方式，多一些引导，和孩子做朋友，而不是教训孩子！"

这位母亲听完，若有所思地点点头。

心理导读

其实，这位母亲的教育方式，在中国很典型。对于孩子，他们多以教训和指挥的口气来教育，例如：

"你这个笨蛋，成绩怎么总是在中游徘徊呢！"

"不就是考了前五名吗，什么时候考个第一名让我看看！"

"这段时间你确实有进步，不过不要夸你两句就骄傲呀！"

这些话会自觉不自觉地流露出对孩子的俯视和责备，孩子长期生活在父母的教训中，会失去学习的动力和激情，而对于父母，他们也只能"唯恐躲之而不及"。尤其对于进入青春期的孩子们，在父母长期的打击下，他们要么"反击"，要么"忍受"，这对孩子的成长都是不利的。因为在每个孩子成长的过程中，都有逆反阶段，在青春期的孩子身上逆反心理更为明显。对于青春期的孩子，我们要做的是引导，而绝不是教训。

专家建议

建议1 了解孩子的逆反心理

在青春期到来之后，随着生理上的变化，孩子的心理也会受到强烈的冲击。自我意识的增强，开始让他们逐渐认识到一个不同于儿童时代的

"我"。此时，他们会发现，原先的自己只不过是父母、老师的"附属品"，甚至连他们的个性似乎也是父母长辈们造就的。当认识到这一点以后，他们开始生气了，开始渴望与原先的我、与对父母的依赖决裂，他们要求独立、自主，从原先的一切依赖中挣脱出来，寻求真正的自我。因此，如果老师管教他们，他们就会觉得又做回原先的"我"了，于是，他们急于"发泄"自己。

建议2 给自己"洗脑"，摒弃传统的家长观念

我们要想使自己与孩子的关系更加亲密，让孩子乐意与自己"合作"，家长首先要做的就是给自己"洗脑"，即打破那种传统的家长观念，不是去挑孩子的毛病，而是不断使自己的思维重心向这几个方面转移：孩子虽然小，但已经也是个大人了，他需要尊重；我的孩子是最棒的，他具备很多优点；允许孩子犯错误，并帮助孩子去改正错误……

因此，我们不能太看重自己作为长辈的角色。因为长辈意味着权威和经验，意味着要让别人听自己的。

建议3 掌握沟通中的双向原则

所谓沟通中的双向原则，指的是让孩子"有话能说"，自己"有话会说"。比如，在交流的时候，无论孩子的观点是否正确，你都应该给予赞赏，然后可以批评指正，这样可以鼓励孩子更大胆、更深入地交流。同时，作为家长，更要有话会说，同样的道理，采用命令的口吻和用道理演示达到的效果是不一样的，很明显，后者的效果会更好。如果能用通俗易懂的话说明一个深刻的道理，用简明扼要的话揭示一个复杂的现象，用热情洋溢的话激发一种向上的精神，孩子自然会潜移默化，受到感染，明白父母的苦心。

总之，教育逆反期的孩子，我们一定要丢弃要求孩子"这么做，那么做"的固有观念，同时也要丢弃把孩子赶向特定的方向的强迫观念。事实上，在急速变化的多元文化中，这种经验是也靠不住的，我们要和孩子一起成长，和孩子一起探索、学习、互通有无，这种教育方法能让孩子感受到家庭的开明，进而愿意与你做朋友，并接受你的引导。

第八章

做孩子天赋的挖掘者：不良行为后隐藏的正能量

　　为人父母，不但希望孩子成长，还希望孩子成才，所以，挖掘孩子的潜能、发现孩子的天赋，也是家庭教育的重要内容。然而，我们也发现，孩子在成长的过程中，总是会做出一些让家长感到荒唐、可笑甚至是生气的不良行为，可是，你又可曾看到这些行为背后蕴藏的正能量呢？其实，这正是需要我们正视的。我们眼里的孩子是什么样，孩子最终就会长成什么样，儿童心理学家总结过一段话。"父母对孩子的影响是潜移默化的，它不仅塑造着孩子的人生观和价值观，还描画着孩子看自己的表情，如果父母眼中的孩子正直自信，孩子就不会辜负这份信任；如果父母眼中的孩子懦弱无能，孩子就会对自己产生怀疑。"所以，对于孩子的任何行为，我们都要辩证地看待，并"支持"孩子的行为，从而挖掘出孩子的潜能。

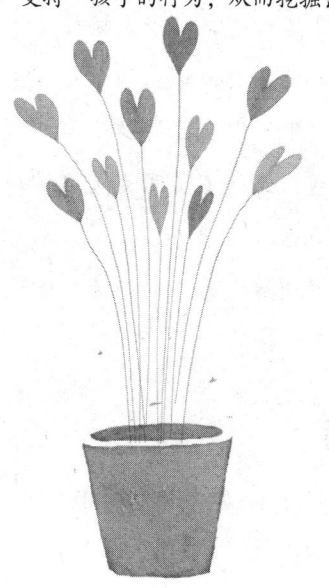

一、孩子的任何行为，都要辩证看待

我们都知道，爱迪生是举世闻名的电学家、科学家和发明家，他被誉为"世界发明大王"。他除了在留声机、电灯、电报、电影、电话等方面的发明和贡献以外，在矿业、建筑业、化工等领域也有不少著名的创造和真知灼见。

然而，爱迪生在童年时代并不是老师家长们眼里的好孩子，相反，他太调皮了。据说他把几个化学制品放在一起，让佣人吃下去，希望把佣人肚子充满气使其能飞起来，最后佣人昏厥过去。

在这件事发生以后，爱迪生家的邻居们都知道了，他们警告自己的孩子："不许和爱迪生玩。"并且，因为这件事，爱迪生还被他的父亲痛打了一顿，因为他的父亲认为，这孩子太捣蛋了，只有打一顿才能长记性，才会听话，也才不会给自己惹麻烦。除了爱迪生的母亲以外，没有人知道爱迪生为什么这样做。她了解自己的孩子这样做是善意的，是在做好事，只是方式方法出了问题，她并不认同丈夫这种粗暴的教育方式，这样会让孩子失去探索事物的兴趣。

正是他的母亲能够理解爱迪生的行为，爱迪生才保持了爱观察、爱想问题、爱追根求源的天才特质。

心理导读

其实不只是爱迪生，综观古今中外的历史，很多天才的天赋之所以能被挖掘，都是因为他们的父母有着一双慧眼，他们的父母能从孩子的一

☆ 第八章
做孩子天赋的挖掘者：不良行为后隐藏的正能量

些看似调皮捣蛋的行为中看到积极的一面，能以辩证的态度看待孩子的行为，并挖掘出孩子的潜能。的确，表面看起来，孩子的一些行为是错误的、是要被批评的，但同时背后也蕴藏了积极的一面。他们表面上是在玩耍，甚至样子很可笑或危险，但他们真正的目的却是在尝试其他孩子没有兴趣尝试的东西。

专家建议

对于孩子的行为，家长要这样看待：

建议1　解读孩子的行为

有位网友提到一件趣事："邻居家7岁孩子被他爸爸打了，原来这孩子不知道从哪里找来一只受伤的鸟，然后将鸟绑在了炮仗上，然后点着了飞上天，鸟被炸死了。被爸爸妈妈打骂完之后，才知道他的想法，他想把受伤的鸟送上蓝天……"

其实，不少家长在教育中也总是有这样的习惯：对于孩子的行为，自己没有理解，也没有努力去尝试理解，他们还把孩子的做法归为错误的，这是对孩子教育极不负责任的做法，在这样的教育下，孩子能有多大的发展呢？

因此，要善于解读孩子的行为。父母要明白的是，孩子的行为，很多都是对他未知的一种探索，有些事情的做法孩子甚至比大人更有技巧。父母通过解读孩子的行为，明白孩子行为的本来目的，这样便于拿出适合孩子的教育方法。

建议2　换位思考，挖掘出孩子"行为"背后的积极动机

法国儿童喜剧片《巴黎淘气帮》里有这样一群孩子，他们为了让妈妈高兴，就趁着妈妈不在家的时间，想把家里来个大扫除，结果是把家里弄得一塌糊涂，沙发被划破了，地板被擦花了，甚至家里的小猫都"不幸"被扔进了洗衣机，其实不少家庭都发生过这样的事，孩子为了讨好大人，好心办了坏事，因为他们没有生活经验，此时，我们不能责备，而是应该告诉他方法。

建议3 从孩子的行为中开发其潜能

孩子看似一些捣蛋调皮的行为，其实正是他们与乖孩子的区别，也是他们具备某一潜能的体现，不少天才之所以能成功，就是因为他们的父亲或者母亲能看到他们行为后的潜能，知道那些举止是天才诞生的开始，就有意识地支持孩子的行为，帮助他们开发潜能。

总之，我们父母要明白一个道理：解读孩子的行为，就便于更好地教育孩子，天才也就是这样教育成的。也就是说，如果我们能走进孩子内心世界，真正了解孩子的"行为"，去引导，去鼓励，去帮助，去发现，孩子就能健康成长、顺利成才！

二、你剥夺了孩子"做梦"的机会了吗

沃森住在澳大利亚的一个海岸边上，她是一个有着梦想的女孩，在她幼年时，她就对航海有一种渴望。很小的时候，她就和家人一起出海航行。后来，她向当地政府提出要独自航海时，却在澳大利亚引发了一场争议，所有人都认为她在做白日梦，甚至连当地海事部门都登门拜访，希望她能取消这样的决定。

然而，沃森却坚持自己的梦想，她的父母也全力支持她，他们相信自己的女儿能做到。当沃森独自完成航海壮举后，面对总理陆克文给予自己"英雄"的赞誉，沃森却说："我不是英雄，我只是一个相信梦想的普通女孩。"

第八章
做孩子天赋的挖掘者：不良行为后隐藏的正能量

心理导读

这里，我们不但佩服沃森的壮举，更庆幸她有如此明智的父母。可见，面对孩子的梦想，父母所做的不应该是抹杀，不是打破，更不能冷嘲热讽，而是要默默呵护，并与孩子一起坚守与实现。

曾经有篇报道称，中国人的创造力不如西方，可能你会不服，但在看完以下两个故事后，你就能明白其中一些道理了：

曾经，在美国，一个男孩对自己的妈妈说："妈妈我想上月球上去玩。"妈妈微笑鼓励他："去吧！记着早点回来吃饭。"结果这个孩子后来成了第一个登上月球的宇航员，他就是阿姆斯特朗。

生活中的家长们，你不妨想想，面对孩子这样的要求，你会怎么回答，想必你会说："别净想那些，好好学习吧！""你是不是脑子进水了？""吃饱撑的吧你？"而多半时候，很多孩子按照父母的想法做了，就这样，他的第一个梦想就被父母扼杀在摇篮里了。再或许，你的孩子按照你的规划慢慢成长着，他也很优秀，最终也很成功，但实际上，你的孩子只不过是你的"傀儡"罢了，他快乐吗？一个没有创造力的孩子，怎能指望他有所建树？因此，请给孩子"做梦"的机会吧。

人生因梦想而伟大，任何人，一旦在心底种植梦想的种子，那么，他的人生就会走向光明大道。对孩子来说，梦想有着无穷的魅力，对孩子的成长具有巨大的牵引和激励作用。因此，作为父母，一定要精心呵护孩子的梦想，让孩子插上梦想的翅膀，他才能飞得更高、更远！

其实，每个孩子都是天真的，也是敏感的，孩童时期的他们爱"做梦"，父母对他们的态度都影响着他们的一生。如果父母能尊重他们，肯定他们，那么，他们便和超人一样获得无穷的力量。

如何把握孩子心理

专家建议

在父母对孩子教育的过程中，父母要认识到梦想对孩子的价值，不要在无意间扼杀了孩子那美好的梦想。一个有梦想的孩子，他的思维和行动与其他人是不一样的，他们往往会说一些大人不理解的话，或者会做一些令大人不理解的事。对此，我们家长要这样做：

建议1　肯定孩子的梦想

实际上，几乎每个孩子都有自己的想法，因此，当老师为他们布置作文——《我的梦想》时，他们总有说不完的话，写不完的内容，而他们的梦想，常常被父母泼冷水。有一个小学三年级的男孩曾对母亲说，长大了我要去人民大会堂工作，而母亲却说："你也不看看你现在的成绩，恐怕将来人民大会堂清洁工的工作你都做不了。"孩子的梦想被母亲的讥讽伤害了。如果这位母亲能像案例中的沃森的母亲那样认真对待孩子的那份梦想，没准孩子以后真的能实现自己的梦想呢。

建议2　鼓励孩子去追逐自己的梦想

自信的产生是自我意识的选择。一个人可以选择成功的自信，也可以选择束缚自己的自卑，这一切全由人自己来决定。

如果你希望你的孩子朝着积极的方向努力，你就要认可病鼓励他追逐梦想："你身上拥有无限的能力和无限的可能性。"这样，当你帮他找到他的强项和优势潜能时，就自然产生了自信。

建议3　注意方法，最好能寓教于乐开发孩子的潜能

事实上，对于成长期的孩子来说，他们的自我意识尚未成熟，我们最好能寓教于乐，这样，在玩乐中，孩子的智力、想象力、创造力能被开发出来，进而为以后实现梦想奠定基础。

所以，我们父母千万不要剥夺孩子"做梦"的机会，孩子的梦想是否有价值，是否能实现，关键因素在我们父母，关键是看能否得到大人的认同和鼓励。父母尊重孩子的梦想的话，孩子的内心是阳光灿烂

的，于是他们也会以积极的心情去学习，按照自己的梦想去努力。因此，不管孩子的言行看起来是多么荒谬可笑，父母都要珍惜孩子的这份梦想，没有人能肯定孩子不会实现自己的梦想，看到孩子可笑的言行，父母一定要引导孩子，要孩子把梦想永远植在心中，让孩子在梦想中起飞。

三、爱涂鸦的孩子，想象力丰富

"莉莉3岁的时候，我给她买了一些彩色蜡笔当做生日礼物，从那天开始，家里的地板和墙上经常都有她的'杰作'，我们并没有骂她，我们认为，孩子还小，涂鸦是他们表达自己情感和天赋的一种方式，刚开始她连笔都拿不好，也只会画出一些线条，心情不好的时候，她就会用力地在纸上画，后来，我们偶尔会带着她去公园或者郊区，让她画自己想画的东西。现在，莉莉已经画的像模像样了。如果她愿意，我们是会支持她继续画下去的。"

心理导读

案例中的家长是开明的，她能理解孩子的涂鸦行为，并支持孩子。然而，在生活中，有多少父母理解孩子爱涂鸦的行为，孩子把地板画脏了，妈妈马上说："你又在捣乱！"孩子画得不好，家长又打击："宝贝，你这画得乱七八糟的什么呀，真奇怪……"孩子是很敏感的，作为她最亲近的人，父母都这样对待她的"作品"，这对她的心理将会造成很大的伤害，这些消极的声音会严重地打击她的积极性，其实，爱涂鸦的孩

如何把握孩子心理

子都是想象力丰富的，因为绘画是表达孩子内心的一种语言，绘画是孩子的一种成长方式，所以专家称，儿童的绘画应该是自由的。我们鼓励孩子绘画，其实原本的目的也是开发孩子的想象力、观察力、记忆力、审美能力、动手能力等等，想象力是创造力的基础，而唯有想象力是会随着年龄的增长，生活阅历的丰富而被逐渐束缚、削弱、减少的。家长们可以通过让孩子绘画来发挥他们的想象力，同时保护好孩子们珍贵的想象力。

专家建议

那么，作为父母，该怎样挖掘并培养孩子的绘画天赋、开发孩子的想象力呢？

建议1　培养孩子的观察力和对色彩的感知力

没有好的观察力，是画不出好的作品的，试想一下，他都看不到美的东西，或在绘画中需要表现的细节，他怎么能画出来呢？

多带孩子到大自然当中去，引导孩子对大自然进行细心的观察，培养他对事物的语言描绘能力、绘画描绘能力和对孩子的色彩感知能力，能激发他心中的创作灵感。

建议2　培养孩子的想象力

不得不说，不少绘画老师只交给孩子绘画的技巧，而没有激发她们的想象力。

调查发现，对于孩子来说，他们从3~4岁开始，就已经有了丰富的想象力，比如，他们会想象自己的布偶朋友生病了，给他们打针、喂水；想象自己成为动物王国的公主，在森林里玩耍等。

这一切都反映了孩子无处不在的想象力。作为父母，一定要开发和挖掘孩子内在的想象潜能，把这种想象潜能转化为一种智慧和能力。

建议3　无论孩子画得像不像，都要给他恰到好处地赞美与鼓励

我们家长不要认为孩子画得像就是画得好，要知道，只会临摹的孩子

是没有什么创造力的。我们对于孩子的涂鸦行为,我们也不要阻断孩子,扼杀孩子早期的绘画兴趣。

此时,我们要恰到好处地对其作品给以具体的肯定与鼓励,能够极大地提升孩子的自信心,增强对艺术的热爱。当然,鼓励与表扬的语言要具体,比如:"你这幅作品的人物的脸画得很有立体感,色彩运用上也朴素大方哦!"

原来对自己并不自信的孩子,听到你的鼓励后,一定会信心十足起来。要相信,任何时候,赞美与鼓励绝对是推动一个人进步的最有利的武器。

当然,即便培养孩子的绘画才能,父母也应该摆正心态。

(1)孩子幼年学画画并不是为了以后当画家,而应该以培养绘画兴趣以及审美能力为主,只有这样孩子才会获得一种可持续的发展。

如果你的孩子对绘画有兴趣,他就会在绘画技巧和绘画欣赏活动上投入较多的精力,并在这些活动中获得身心的愉悦,久而久之,他就会有较高的艺术修养。在生活中养成寻找美、感受美、表现美和创造美的行为,使得自己的生活丰富多彩。

(2)就算孩子真的有绘画天赋,以后也不能保证就会成为画家。

从发现孩子的天赋到成才,需要一个很长的过程。正如卓别林所说:"无论天赋有多高,他仍须学习来发挥。"所以只要孩子在绘画活动中有所收获,有所进步,家长的投资就有所值,就有回报。

另外,我们不要当着孩子的面问这一类问题,这样会给他的心理造成相当大的压力,他们会对自己产生怀疑,自己的信心会受到打击,从而丧失学画兴趣和自信心。

四、孩子好奇心重，是爱动脑的表现

小贝今年3岁了，相对于其他同龄的女孩来说，她显得格外活泼。

一个周末，妈妈带她去公园玩，妈妈走在前面，小贝在后面跟着，但走着走着，妈妈发现女儿不见了，于是，妈妈四处寻找，结果发现，小贝在路边的一片草地上专注地玩着什么。

妈妈没有喝止小贝，而是慢慢地走过去，站在她身后。她看见小贝正在用一根小木棍在拨弄着几只小蚂蚁，很专注地看着小蚂蚁的活动。

"宝宝，你在干什么？"妈妈问。

"妈妈，我正玩小蚂蚁。"小贝虽然回答了妈妈，但连头也没回，还是继续观察小蚂蚁。

妈妈心想，孩子这么有好奇心，是一种好的表现。于是，回家后，他给小贝买了一些会飞的小鸟，小贝很高兴。

有了小玩具后的小贝便不痴迷动画片了，她经常专心致志地观察小鸟的各种动作。

一天，妈妈回家后，看到小贝正在拆小鸟玩具，看到妈妈，小贝显得很害怕。妈妈故意板着脸问："你怎么把玩具给拆开了？"

小贝小声地说："我只是想看看它肚子里有什么，为啥会拍翅膀、会叫。"

妈妈很高兴，因为她知道，只有会玩的孩子才会学，培养孩子的好奇心就是培养他们的智力，于是，她鼓励女儿说："宝贝，你做得对，应该知道它为啥会拍翅膀。"听了妈妈的鼓励，小贝高兴极了。不一会儿就把玩具鸟给拆开了，并对里面的结构观察起来。

第八章 做孩子天赋的挖掘者：不良行为后隐藏的正能量

心理导读

这则案例中，小贝的妈妈做的对，会玩的孩子才会学，活泼也是一种气质，每一个活泼好动的孩子，总是具有敏锐的观察力、想象力和思考力，而这些是成才的关键。

那么，生活中，作为父母，当你的孩子缠着你问"为什么"的时候，你是怎么做的？耐心地为他解释，还是批评他多事、厌烦？其实，孩子开始问"为什么"，这表明他们开始展露他们的好奇心。在孩子成长的过程中，好奇心非常重要，这是他们探索世界的动力。父母要学会挖掘、保护孩子的好奇心，鼓励孩子的积极探索与求知。

专家建议

人都是充满好奇心的，对于自己不明白的问题，我们总是想探个究竟。这一点，在孩子身上体现得尤为明显。常常会向父母问这问那，但很多父母却对此感到不耐烦，其实他们往往忽视重要的一点，好奇心是促使孩子学习、成长的良机。具体来说，在培养孩子好奇心方面，父母可以从以下几个方面入手：

建议1　孩子发问，就要积极回答，不要挫伤孩子的积极性

如果孩子问你"为什么"，父母不要以"以后你就会明白了"等敷衍塞责的话回应孩子。父母应认识到，好奇是孩子认识世界的起点，如果不予以支持和鼓励，将会挫伤其积极性。

建议2　鼓励孩子大胆尝试

孩子都是充满好奇心的，他们很喜欢尝试，对此，家长因给予鼓励和指导，千万不要打击孩子动手的积极性，即便是做错了，也不要训斥，要积极鼓励和帮助他们树立自信心，排除挫折，远离无助感。

建议3　为孩子提供动脑、动手的机会

生活中，你可以利用孩子好动的特点，为他们多提供动手的机会，比如，他的小玩具坏了，你可以让孩子试着修，让孩子体验到一种成就感和乐趣。

建议4　让孩子自己寻找答案

孩子对周围的事感到新奇，对于这点，父母应该把探索的机会交给孩子自己，而不是把答案直接告诉孩子。

总之，对于孩子的好奇心，父母应该用正确的态度加以培养，不但要热情地回答孩子的问题，还要创造机会，培养孩子的好奇心，让孩子主动去探索、观察，促进他们求知欲的发展。一时回答不了的问题，不能一推了之，更不能胡编乱造，而应努力与孩子一起寻求正确的答案。

五、用你的表扬来鼓励孩子不断进步

曾经有一位科学家，在他成长的过程中，他的母亲对他的影响很大。

在他很小的时候，一次，妈妈让他从冰箱里拿出一瓶牛奶，但他竟然一不小心把牛奶瓶子弄掉了，就这样，一瓶牛奶撒得到处都是，他害怕极了，生怕母亲会骂他。

谁知道，母亲听到声响后，走到厨房，并没有生气，而是对他说："哇，你制造的混乱还真棒！我还没见过这么大的奶水坑呢，你看，我们要不要做个游戏，看看我们能用多久时间将它清理了？不过我们可以先玩几分钟。"

几分钟后，母亲说："你知道，现在这个混乱是你造成的，你是男子汉，你应该自己摆平这件事。家里有海绵、毛巾，还有拖把，你想怎么处理？"他选了海绵，于是他们一起清理满地的牛奶。

母亲又说:"我知道,你肯定不是故意打翻牛奶的,因为你还小,而一瓶牛奶实在太沉了。那这样吧,现在你要不再试一次,看看你能不能重新把这件事做好。我们去后院实验吧。"母亲建议他把瓶子里装满水,然后看看他能不能拿得动,他同意了妈妈的建议,并且再一次将装满水的牛奶瓶抓在手上,这一次他发现,如果用双手抓住瓶子上端接近瓶口的地方,他就可以拿住它。

后来,这位科学家回忆说,他有一位伟大的母亲,他的母亲一直对他采用这样独特的教育方式,这让他从来不害怕犯错误,并且,他的母亲让他认识到,错误只是学习的机会,科学实验也是如此。即使实验失败,我们还是会从中学到有价值的东西。

心理导读

故事中的这位母亲的教育方法值得很多父母学习,面对孩子犯的错,她并没有批评,反而夸奖孩子能"制造奶水坑很棒",这种表扬的方法让孩子愿意寻找方法来弥补自己的过失,正是这种肯定孩子的教育方法,让孩子不害怕犯错,并改正错误、努力进步。

的确,孩子的世界是简单的,他们的情感也是最直接的,作为父母,你给他什么评价,他们就会按照你的评价来做事,比如,如果你赞扬他是个乖巧的孩子,那么,他就会按照你的意愿,处处都表现得乖巧:不说脏话、主动做家务,不与小朋友打架等;相反们如果你说他不听话,那么,他就会骂人、打人,做出一些让人生气的事情来。

因此,在家庭教育中,每一位父母都应该认识到我们的评价对孩子的显然作用,所以,即便孩子调皮、捣蛋、犯了错,也要找出孩子的闪光点,把这个亮点放大,并直接告诉他,他就会向着你期望的目标一步一步靠近。

专家建议

那么,作为父母,该如何让表扬犯了错的孩子呢?

如何把握孩子心理

建议1　要客观地看待孩子所做的事

无论你的孩子做了什么，你都要从事情本身评价，这样，才能避免因刻板印象而误解孩子。

建议2　多看孩子的优点

教育要严格，并不是说要将孩子批评得一无是处，为此，我们最好从多方面、多层次了解和评价，不能只盯住孩子的缺点。

建议3　多鼓励你的孩子，不能因为一次错误而给孩子贴上永久的负面标签

是孩子总会犯错，父母要给孩子改错的机会，并鼓励孩子，每个孩子都是不断地在犯错、认错、改错中成长的。错误是这个世界上的一部分，也是与人类共生的一部分。父母切不可因为孩子的一次错误而给孩子贴上永久的负面标签。

建议4　不宜过分夸大孩子的优点

父母表扬孩子，赞赏之言可以稍微夸大，这有利于增强孩子的自信心，但是不宜过分夸大。因为过分的夸奖与肯定，很容易使孩子滋生骄傲情绪，不但看不到自己犯的错，反而认为犯错是被允许的，一旦这种情绪产生，再纠正就困难了。

总之，孩子毕竟是孩子，对于别人对自己的评价，孩子会下意识地产生一种认同感，并以此塑造自己的行为。而且，这种评价出现的次数越多，对孩子的心理和行为的塑造固化作用越强，甚至会左右其终生。

六、要尽早在孩子心里种下善良的种子

陈宇歌是个很懂事、很善良的女孩，而她善良的性格，是从自己很

小的时候，爸爸就开始教育的。爸爸常常给小宇歌讲故事、讲历史。小宇歌至今保存着两块珍爱的徽章，一块上面写着博爱，一块上面写着天下为公，她常常将它们别在胸前，那是小时候爸爸送给她的，爸爸希望她长大成为一个爱自己的国家、爱自己的民族、有社会责任感的人。他告诉宇歌，人不能光为自己活着，要像孙中山先生等仁人志士一样，以天下为己任。

上学后的陈宇歌，在学校里乐于助人是出了名的。只要班上有请病假的同学，不管晚上放学多迟，天气多恶劣，宇歌都要去同学家帮助他(她)将落下的功课补上。但有一次，陈宇歌自己病了，却没有一个同学主动来看她，这使善良的陈宇歌非常伤心，父亲最懂女儿的心思，他严肃地抓起陈宇歌的手告诉她：咱们不应计较别人对你的回报，我们不是为了得到而付出，而是为了让这社会更美好。

陈宇歌的爸爸说，陈宇歌和所有的孩子一样，原先只是一张白纸，她的好品质是一点一滴积累而成的。父亲只是起了个启发熏陶的作用。

心理导读

的确，孩子的善良是从小形成的，孩子这一张白纸，需要父母用心去描绘。

"人之初，性本善"，孩子的本性是善良的，孩子在小的时候，总是会对周遭发生的不公正事情产生情绪，善良是孩子天生的性格，但在后来的成长中，一些父母往往对给孩子进行一些特殊的教育，例如"社会如何尔虞我诈""人与人之间如何勾心斗角""别人打你，你也打他，打不过就咬。""咱们宁可赔钱，也不能吃亏。"这是现在很多父母在教育孩子时经常说的话。也许父母的本意没有错，即告诫孩子学会保护自己，小心上当。可是这些父母都忽视了对孩子进行善良教育。特别是孩子们的母亲，要用自己的爱，教育孩子"从善如流"，让孩子从小培养博爱、同情、宽容等品德。

如何把握孩子心理

专家建议

一个健康的孩子就好比一棵树,必须以善良为根,正直为干,丰富的情感为蓬勃的枝丫,这样才能结出美丽善良的果子。孩子良的情感及其修养是人道精神的核心,必须在童年时细心培养,否则难有效果。

那么,家长该怎样让孩子从小保持一颗善良的心呢?

建议1 父母之间相互爱护

这能让孩子感受到家庭之爱,从小生活在这种环境中,会让孩子有一种积极、温暖的心,父母之间的一言一行都影响孩子的态度。从父母恩爱、彼此尊重的家庭里走出来的孩子,更懂得去爱别人,他们对家人温和亲爱,对外人也谦让有礼。

建议2 父母要从自身做起,要富有同情心和爱心

这样才能把善良的根植入孩子的心中。涓涓之水,汇成江海,爱的殿堂靠一沙一石来构建。自小给予孩子同情心和怜悯的情感,是在他身上培植善良之心、仁爱之情。孩子最初的同情心和怜悯心是成人同情心和怜悯之心的反映。所以,父母同情别人的困难、痛苦的言行会深深打动儿童心灵,感染和唤起孩子对别人的关心。

比如,在公共汽车上,家长对孩子说:"你看,那个阿姨抱着小弟弟多累呀,我们让他们坐到这里来吧。"邻居老人生病,家长带着孩子去探望问候,帮老人做事。新闻报道有人缺钱做手术,生命垂危,家长带孩子去捐款,献上一份爱心……经常看到大人是怎么同情、关心、帮助他人的,对于培养孩子善良品质是最好不过的了。平时让孩子把自己的痛苦状态时的感受与别人在同样的情境下的体验加以对比,体会别人的心情,可以使儿童学会理解别人,学会移情。例如:看到小朋友摔倒了,家长启发孩子:"想想你摔倒时,是不是很疼?小朋友一定很难受,快去扶起他,帮他擦擦脸。"某地发生灾情家长可引导孩子:"那里的小朋友没有饭吃,很饿,没有衣服穿,冻极了,你想想,如果你也在那里,会怎么样?

我们去捐点衣服、食品送给在区的人吧！"……

父母对周围人应表现出真挚的同情，并帮助身边正遭受痛苦和不幸的人。父母还应以自己的善良感染和陶冶孩子，在孩子的心中撒播善良的种子。要热忱支持孩子的献爱心活动，为了培养孩子的爱心，学校、社会。

父母先学会关爱孩子，才能让孩子关爱别人。可以有以下几种办法：

（1）随时关心孩子的成长和身心发展的状况与需要；

（2）尊重孩子的个性，维护他的自尊与荣誉感；

（3）给予孩子种种帮助，必须具有正面的意义；

（4）确实了解孩子以后，才给予正确的引导与协助；

（5）无论多忙，一定要抽出时间跟孩子谈天，建立亲密的感情。

总之，家长平时注意对孩子一点一滴的培养，一言一行的引导，在平时生活中关注孩子，培养孩子的善心，那仁慈博大的爱心，就会在孩子心头扎下根，并会随着孩子的成长而不断扩展和升腾。孩子就会有一颗仁爱之心，从而爱父母，爱朋友，爱家乡，爱祖国！

七、乐观的心态比什么都重要

著名潜能开发大师迪翁常常用一句话来激励人们进行积极思考："任何一个苦难与问题的背后，都有一个更大的幸福！"这是他的招牌话。他有个可爱的女儿，但一场意外，让这个可爱的小女孩失去了双脚，当迪翁从韩国的演讲赛上赶到医院时候，他第一次发现自己的口才不见了。女儿察觉到了父亲的痛苦，就笑着告诉他："爸爸！你不是常说，任何一个苦难与问题的背后，都有一个更大的幸福吗？不要难过呀！这或许就是上帝给我的另一个幸福。"迪翁无奈又激动地说:"可是!你的脚……"

小女儿非常懂事地说:"爸爸放心,脚不行,我还有手可以用呀!"

听了这样的话,迪翁虽有几分心酸,可也欣慰不已。

两年后,小女孩升入中学了,她再度入选垒球队,成为该队有史以来最厉害的全垒打王!因为她的腿不能走路,就每天勤练打击,强化肌肉。她很清楚,如果不打全垒打,即使是深远的安打,都不见得可以安全上垒。所以唯一的把握,就是将球猛力击出底线之外!

心理导读

这是一个乐观积极的小女孩,在最艰难的时刻,她留给人们的依然是微笑,因为她相信父亲的那句话"任何一个苦难与问题的背后,都有一个更大的幸福",于是,灾难变得不再可怕,而她本人也更有能力面对那场艰难的挑战。

的确,一个乐观开朗的人,无论面对什么样的生活,都有能力重新开始。对任何一个人来说,这是比什么都重要的财富。

因此,家长在培养孩子的过程中,乐观性格的培养是一个必不可少的。也许有些孩子天生就比较乐观,有些孩子则相反。但乐观思想是可以培养的,即使孩子天生不具备乐观品质,也可以通过后天的努力来实现。

专家建议

乐观的人往往善于在平凡的日常生活中找到快乐,在不愉快的情境中找回欢乐,能轻松自如地化解一些尴尬,以积极的心态来面对生活,不但自己整天开开心心,也因此感染别人,使别人也同样感到快乐。可见,乐观的心态对人来说是很重要的。

心理学的研究表明,乐观的孩子开朗、活泼;对待生活热情,不怕失败,敢于尝试;对事物充满极大的兴趣,创新意识较强。乐观的孩子,他们在学校的表现往往比较好,长大了也容易获得成功。我们还发现,那些

成功人士，无不有着乐观的心态，而他们乐观的心态，是在经历了人生的磨难和生活的历练以后获得的。

然而，事实上，乐观的心态不是每个人都会拥有的，但是可以培养，作为家长，在孩子的成长过程中我们一般只注重孩子的健康和智商，却忽略了影响孩子一生的至关重要的一点，那就是孩子健康的心理。那么，培养孩子乐观的心态，家长该如何做呢？

建议1 对孩子控制过严

作为家长，当然不能对孩子不加管教、听之任之，但是控制过严又可能压制儿童天真烂漫的童心，对孩子的心理健康产生消极作用。不妨让孩子在不同的年龄阶段拥有不同的选择权。只有从小能享受选择权的孩子，才能感到真正意义上的快乐和自在。

建议2 鼓励孩子多交朋友

一般来说，抑郁的孩子一般都不善交际，他们感受不到与人相处带来的快乐，感受不到友谊带给自己的温暖。因此，我们不妨鼓励孩子多与人交往，特别是同龄的朋友。

建议3 让孩子拥有适度的自信

孩子是否拥有自信，对他的心理健康的影响很大，一个孩子无论是因为能力还是智力而自卑，作为家长，都应该使其看到自己的长处，并审时度势多作表扬和鼓励。来自家长和亲友的正面肯定无疑有助于孩子克服自卑、树立自信。

建议4 创建快乐的家庭气氛

家庭的气氛，家庭成员之间的关系，在很大程度上会影响孩子性格的形成。研究表明，一个孩子，在他还不能用语言来表达，也就是牙牙学语的时候，他就已经能感受到自己成长的家庭环境如何。不难想象的一点是，一个孩子，如果在充满敌意的家庭环境中成长，他是无法养成积极乐观的性格的。

建议5 帮助孩子乐观面对挫折

事实上，不仅仅是孩子，即便是成人在遭到挫折时，也会产生很多消极的想法。其实，这是一种很正常的心理，但如果人们不及时想办法遏制这些消极的想法，便会产生一种很可怕的心理效应。

所以，做家长的一定要时刻关注孩子的情绪变化，当孩子遇到挫折时，家长要教孩子正确认识挫折，并帮助孩子及时排除挫败感的干扰，转而用乐观的态度面对挫折。

总之，培养孩子乐观的心态，父母要身体力行，营造出一个乐观而温馨的家庭环境，让孩子快乐地学习、快乐地生活，教会孩子正确面对批评和挫折，学会乐观向上，帮助孩子克服羞怯和抑郁的悲观因素，多给予赏识与鼓励，多给予笑声与温暖，孩子就会逐渐形成乐观开朗的性格。

八、着力打造孩子的意志力

印度前总理甘地夫人，不仅是一位非常杰出的政治领袖，更是一位好母亲、好老师。在她教育儿子拉吉夫的过程中，曾有这样一次经历：

拉吉夫12岁的时候，生了一场大病，医生建议他做手术。手术前，医生和甘地夫人商量术前的一些事，医生认为可以通过说一些安慰的话来让拉吉夫轻松面对手术，比如，可以告诉拉吉夫"手术并不痛苦，也不用害怕"等。然而，甘地夫人却认为，拉吉夫已经12岁了，应该学会独立面对了。于是，当拉吉夫被推进手术室前，她告诉拉吉夫："可爱的小拉吉夫，手术后你有几天会相当痛苦，这种痛苦是谁也不能代替的，哭泣或喊叫都不能减轻痛苦，可能还会引起头痛，所以，你必须勇敢地承受它。"

手术后，拉吉夫没有哭，也没有叫苦，他勇敢地忍受了这一切。

关于孩子的教育，甘地夫人有自己的心得，她认为，生活本来就不是一帆风顺的，有阳光就有阴霾，孩子在成长的过程中，有快乐，也就会有坎坷。而一个个性健全的孩子就是要接受生活赐予的种种，这样，才能练就顽强的意志力，才能从容不迫地应对未来生活的各种变化。

心理导读

实践告诉我们，要教育好下一代，除了要教孩子掌握一定的科学文化知识和技能外，还必须帮孩子塑造良好的思想素质，人只有经历过挫折，从小培养顽强的意志力、忍耐力，坚韧不拔、不屈不挠的精神，最终才会获得成功，才能在竞争中立于不败之地。给孩子一点挫折，对孩子的一生是大有益处的。放开手让孩子独立面对生活的各个方面，让其自己解决，孩子几经如此"折磨"，将来就不会像温室里的豆芽那样，一碰就断。这就告诉父母，意志力的打造必不可少。

专家建议

父母作为孩子的第一任老师，无论你对孩子的期望有多大，希望孩子将来从事什么样的职业，现在我们都应该帮助孩子学会如何面对挫折和困难，而不应该一味地宠溺孩子，不让孩子经受一点风浪，这看似是爱孩子，实际上是害孩子，只能让他们长大后陷于平庸和无能。为此，我们可以从这几个方面培养孩子的意志力：

建议1　有意识锻炼孩子独立处理问题的能力

一位年轻的母亲，在她的女儿蹒跚学步跌倒时，从不去扶她，只在一旁给予鼓励："爬起来，自己爬起来！"当女儿的小手拿不稳东西，东西掉在地上时，她不帮助捡，而是鼓励说："自己捡起来！"她的儿子从小就养成了"自己跌倒自己爬，自己掉东西自己捡"的独立精神与负责行为。

家长要引导孩子拥有独立的生活能力，比如要学会自己穿衣吃饭、刷牙洗脸，让孩子学会自己的事情自己做，然后再慢慢让孩子进步到可以帮助家长做一些力所能及的家务事。在这个过程中，孩子会逐渐养成吃苦耐劳的品德，也会对孩子的耐挫能力、独立工作能力有好处。如果父母把孩子放在一种特殊地位，事事包办代替，那么他们就会形成一种"鸡蛋壳"心理：在家任性、自私、无礼，一旦走出家庭，失去父母的仗恃，就会变得胆小、畏缩、缺乏独立性，人际关系紧张，缺乏克服困难的毅力和知识经验。这样的孩子势必在心理上遭受更多的创伤。

建议2　鼓励孩子挑战难度大的事

"女儿在前段时间要去参加捏泥塑比赛，作为妈妈自然希望她取得好成绩。于是到家来我总想法设法让她多练习。女儿虽然对动手操作感兴趣，但是对于难度大一些的事物总是不想多实践。我觉得我得先让她对于难的事物感兴趣，兴趣是最好的老师么。于是我跟她说：'你看你刚才捏的这个真的很难，妈妈只教了你一次，你都捏得比妈妈好了，真了不起。那一个好像更难了，我们一起来捏，你教教妈妈好不好啊？'"

建议3　帮助孩子战胜挫折

有位母亲在谈到克服女儿在下围棋时有"输不起"的心态时候说："当我女儿下围棋时出现那样的情况以后，我总是有意识地引导：下围棋时肯定会有输赢，只要你好好学，什么时候技术超过了别人，你就能战胜对方了，如果你现在还比不上人家，你也要勇敢些，别哭，你走围棋时多用小脑袋想想，是哪里出错了……在一次又一次的心理引导和实践的体验中，孩子的承受力渐渐增强了。现在她也参加了幼儿园围棋班的学习，考验的机会也多了，孩子对于失败的面对也更坦然了。"

专家建议父母要想让孩子在充满竞争的社会中立足，必须对孩子从小锻炼孩子的意志力，教会他们敢于面对挫折，不怕失败，跌倒了自己爬起来，勇于接受艰难困苦的磨炼，这也是父母应尽的义务和责任。当然，锻炼孩子的意志力，家长还要考虑到孩子还有一定的依赖性，对孩子放手固然正确，但要适度，孩子对挫折的承受能力有限，孩子在受挫时，必要时候家长要告诉孩子，告诉孩子：跌倒了，自己爬起来，这就给了孩子一种能力的肯定，此时的挫折教育才是有意义的。

第九章

重视孩子成长的敏感期：父母一定要了解的幼儿敏感期

　　父母都有这样的感触：孩子都是在不知不觉中成长的，似乎我们还没回过神来，孩子就长大了。的确，从呱呱坠地开始，孩子一步步学会了走路、说话、吃饭、写字……孩子是一张白纸，却又如何完成了这些"高难度"的大事的？这是因为自然赋予了正在发育中的生命一种特有的力量。在某段时间内，在孩子的内心产生了一种无法遏制的力量，会对某一或者某类事物产生强烈的兴趣，这时期在教育心理学上被称为幼儿敏感期，这一期间不仅是幼儿学习的关键期，也影响其心灵、人格的发展。因此，成人应尊重自然赋予儿童的行为，并提供必要的帮助以，帮助孩子更完美地成长。

如何把握孩子心理

一、孩子都有一个任性的敏感期

"我家宝宝今年两周岁了,之前一直很听话,但今年好像突然开始变得任性和执拗了。我和爱人工作都比较忙,我一般是上夜班,所以晚上我会把宝宝送到爷爷奶奶那里,但不知道为什么,宝宝晚上总是喜欢抱着电子琴的琴套到处跑,我爸妈只好一直跟着他,并且还要抱着琴罩才肯入睡,有时候,他忘了带琴套的话,那么一晚上就什么都不肯盖了,一直哭闹不停,对于其他的玩具也是这样,弄得现在他的爷爷奶奶只好一天到晚都背着一大包的玩具跟在他的后面,生怕他夜里醒了突然发现自己的某个玩具不在而哭闹,我真不知道怎么办了。

还有,宝宝很喜欢在床上吃东西,尽管我跟他爸爸已经说了很多次,这样是不被允许的,但他根本不听,有一次,我们居然发现他把吃剩的橘子皮放到了被窝里,他爸爸发现后,出手打了他,小家伙委屈地哭了很久,我心里也不是滋味。后来,孩子见了他爸爸总是躲躲闪闪的。

我该怎样纠正孩子的这些任性的行为?"

心理导读

其实,案例中孩子的这一表现很正常,这是因为孩子进入了执拗的敏感期,这个时期的孩子,喜欢想当然地按照自己的意愿行事,尽管有时候这种意愿看起来是"不可理喻"的胡闹,但一旦被拒绝,就会烦躁不安,奋力反抗、大哭大闹,难以平息。也就是说,执拗敏感期的孩子很任性,总是胡闹,我们要换个角度、站在这一时期的孩子的角度去理解他们,对

于孩子的合理的要求要尽量满足，一些不能满足的要求，我们也要跟孩子讲道理，让孩子明白缘由。

专家建议

"执拗敏感期"是孩子心理发展的一个必经阶段，这也表明此时孩子的独立意识开始凸显。一般来说，孩子从2岁开始，这一意识就在不断增强，自我意识与他人意识开始逐步分化，常常会不听从父母的建议和指令，变得任性、不听话，有时甚至有了反抗的现象，这就是心理学家所说的"执拗敏感期"。而孩子这一敏感期的爆发高峰期却出现在3~4岁，在这一时期，他们喜欢想当然地按照自己的意愿行事，而且这些行为常常是难以变通，有时甚至到了不可理喻的地步。

然而，在面对孩子出现的一些"反抗"行为，甚至是无理要求时，一些父母因为不了解孩子在这个时期的心理特点，不仅让孩子心理受挫，而且父母自己也很容易走入教育上的"误区"。

那么，我们父母该怎么做呢？

建议1　防患于未然

孩子的任性表现，一般也有规律。父母可以留意观察孩子在什么情况下容易犯拧劲，当这种情况临近时，你可以事先向孩子提出要求，约法三章。比如女儿和祖辈在一起容易任性，那么你带她到姥姥家去之前，就该打打"预防针"。

建议2　说理引导

孩子有些要求是无理的或不能满足的，您应赶紧利用童话、故事等方式，给孩子讲清道理，这常常可以避免孩子任性。但一定要及时。

建议3　激将夸奖

小孩子好胜，更喜欢"听好话""戴高帽"。在出现任性的初期，您或者顺向地夸奖他的某一长处，为孩子"转变"找台阶，或者反向地激将，说他"不会怎样，不能怎样"，孩子可能就来了"我能……"的劲。

这样，也往往使他摆脱任性的情绪状态。

建议4　注意转移

经常看到这样的情形：孩子常任性地要做不该做的事，大人非要阻拦不可，但说也不听打也不行，一个要干，一个要拦，相持不下局面尴尬。若恰在这时推门进来一个生人或发生一件新奇的事，孩子立刻被吸引过去，就不再任性了。这是因为他的注意转移了。孩子的注意力是容易转移的。你可以在孩子出现任性行为时，利用当时的情境特点，设法把孩子的注意力，转移到能吸引孩子的一些别的、新颖的事物上去。这一方法在任性初起时更灵。

建议5　冷处理

在孩子任性地耍脾气时，你在料定没什么"安全问题"的情况下，就可以不去理睬他，听任他闹一阵子。等他不闹了再去说理。这种方法需要您一不要太性急，二不要心太软。

建议6　自我强化

比如，孩子不吃饭，拿不吃饭要挟大人。那么好，你就赶快收拾饭桌，让他好好饿一顿。这饿肚子的感觉就是最好的"惩罚"。又比如，没到穿裙子的季节孩子犯拧非穿不可，如果其他办法不管用了，那么就让孩子去穿，受凉挨冻就是最好的教育。采用这一方法，一是要确保后果对孩子身心没多大的伤害，二是大人要狠狠心。

总之，处于执拗敏感期的孩子需，需要家长的长期引导，我们要给孩子一些关爱，和他多进行一些交流，尽量满足孩子的合理要求，对于孩子的不合理要求，家长既不能粗暴地压制也不能无原则地妥协，您可以采用冷处理的方式缓解一下，另外尽量不要惩罚孩子，这对孩子的性格的培养是很没有好处的，你对孩子的惩罚只会强化孩子的不良行为。

二、正确看待幼儿审美和追求完美的敏感期

刘太太的儿子小灿今年3岁了，刘太太发现，今年的小灿行为很古怪，事件有三：

刘太太一家晚上睡觉之前有喝酸奶的习惯，但就在前些天的一个晚上，小灿一反常态地说要自己去丢酸奶盒，刘太太也高兴，自然也跟着顺手把盒子扔了，但小灿认为这样做不行，非要刘太太把她的酸奶盒拿出来，然后他自己再扔了一遍，刘太太问他为什么要这样做，他的回答是："如果这件事妈妈也参与了，那么就不是我一个人完成的了，必须由我来做才算是好的。"刘太太心想，原来孩子是有追求完美的心态。

还有一次，刘太太陪小灿画水彩画，当时，花朵的颜色——粉红色没了，刘太太便用枚红色来代替，但没想到小灿将画了一半的画撕了，然后很生气地说："这种花明明是粉红色的，你怎么能随便用其他颜色来代替呢？"然后他就缠着刘太太下楼去买新的颜料。

自从小灿3岁以后，刘太天家里的很多生活规则都由小灿来制订了，比如，不允许家里的大人穿错鞋、穿错衣服、坐错位置，比如有时刘太太穿着小灿爸爸的拖鞋，总是被小灿要求更换，后来，刘太太明白，孩子是进入了审美和追求完美的敏感期。明白这些以后，她能够理解孩子的行为了。

心理导读

其实，小灿的这种行为就是孩子进入审美和追求完美的敏感期的表现，对这个年龄段的孩子来说，世界有一种不变的程序和秩序存在，这就

如何把握孩子心理

是幼儿最初的逻辑关系。所以就会经常出现一些这样的行为：

孩子突然喜欢打扮自己，喜欢按照自己的喜好来穿着，更注重自己的外表了；折纸课上，孩子对于一些有瑕疵的彩色纸很敏感，而且就是不愿意使用这样的纸；孩子好像突然喜欢上了家长的化妆品、高跟鞋……

很多家长难以理解儿童的这种特殊要求，因为这里面隐藏着成长的又一秘密——从两岁左右开始，孩子进入了审美和完美的敏感期。

当孩子进入了这一阶段后，最先发生改变的是他们在饮食上的要求，比如，他们会选择最大的苹果、最圆的饼，薯条必须是不能被折断的等，如果你破坏了食物的完美性，他们就会不要了。

随着对吃的东西的要求，儿童就会发展对用的事物的要求上，儿童开始对自己使用的东西也有一个比较。比如说一张纸的四个角不能有一个是缺的，穿的衣服不能掉一颗扣子，一笔画下去，如果这一笔没有画到他所期望的，这个纸就不要了。这是儿童审美敏感期到来一个很重要的征兆，然而，父母如何引导这一时期的孩子成了他们头疼的问题。

专家建议

追求完美是孩子的天性，身为父母的我们要保护他这种苛求成为完美的人的特点，要支持他成为一个严格要求自己的人。作为儿童来说，他们开始追求完美，表明他们的世界开始走向深入和丰富，当他们开始在一些身外之物，比如吃的、穿的、用的上要求完美时，他们也会开始把注意力放到自己身上。

对于女孩来说，他们这一时期更爱美，比如，她们开始对妈妈的化妆品产生浓厚的兴趣，甚至还会拿起妈妈的口红来化妆，会偷偷地穿妈妈的高跟鞋等。等到过了4岁后，她们的审美意识将影响她一生的审美能力，慢慢地，她们也开始挑选环境，开始对品质、艺术作品进行挑选。从这个时候开始，儿童就能敏锐地感知环境和氛围的变化，挑选美好的环境生活、美好的艺术作品欣赏。

孩子5~6岁的时候，她们就会知道口红不能抹得满嘴唇都是，知道衣服的颜色要搭配等，这是儿童在自我探索的过程中逐渐发现的。在孩子审美能力逐渐螺旋上升的过程中，他们也越来越表现出对良好环境的喜欢。

总之，每个孩子都要经历审美和追求完美的敏感期，他们会突然有很多要求。此时，做父母的很容易失去耐心，因为我们明白，绝对完美的事是不存在的。但如果我们能理解孩子细腻、追求完美的心，把孩子的要求当作关乎成长的一次机会，就可能用心体察孩子的每一次不满，就能理解孩子，并用适当的方式帮助孩子。

三、孩子为什么这么爱"多嘴"

杨太太的儿子叫小宝，今年3岁半了，杨太太发现，从今年开始，小宝好像突然很喜欢说话了，并且，他的问题有很多。

杨太太还记得，小宝在一岁多的时候，好像就会创造性地使用语言了："出玩玩"(出去玩儿)、"不水"(不喝水)、"不狗"(不看狗)、"不孩"(不和小孩玩)……小宝所说的都是一些简单的词语。

两岁多的时候，一次，奶奶带小宝去小区公园玩，他看到两个大一点的哥哥在玩皮球，小宝在旁边看，他突然说："哥哥破。"原来是其中一个小男孩的膝盖不知道在哪里弄伤了。

而到了小宝三岁多时，他的话突然一下子多了不少，爷爷抱着他，看到门上贴的福字，小宝就好奇地指着，意思是想知道这是什么字，爷爷告诉他那是"福"，小宝便马上拽起自己的衣服，他把"福"当成衣服的"服"了。爷爷纠正说是"幸福"的"福"。

如何把握孩子心理

一次，小宝对杨太太说："妈妈，等春暖花开的时候，我们就可以出来玩了。"杨太太很吃惊，小宝怎么知道春暖花开这个词语，于是，她问小宝："你知道什么叫春暖花开吗？"小宝回答："就是天气暖和的时候。因为妈妈说春暖花开的时候，我就可以吃冰激凌了。"这就是孩子语言的发展。

心理导读

的确，孩子从出生开始，他们的语言发展是有一个过程的，而到了三岁半左右的时候，他们开始对句子表达的意思感兴趣，表现在重复或模仿他人的话。这时，他们总是把大人说的话一遍又一遍地使用在恰当的语境中。这个时期的孩子词汇量增加，口语和书面语言迅速发展。一旦孩子口语变得丰富，就会进入学习书面语言的关键期。

专家建议

教育专家称，儿童的语言敏感期具有暂时性，一旦错过就将不再回来。在这一时期，如果家长能让孩子处在良好的语言环境之中，孩子便可以轻松自如地掌握某种语言。但如果错过了这一时期，它将不再回来。

三岁半左右是孩子语言发展的关键期，当孩子的口头语言能力发展到一定水平，他就不再满足于单纯的口语了。孩子常常会指着某一标志问："这是什么字？"这些行为都是孩子渴望识字的萌芽。这时，您要抓住这一语言发展敏感期，把文字语言工具交给孩子。在孩子的成长历程中，成人知道孩子语言敏感期的表现并适时引导，可有效提升孩子的语言表达能力。具体来说，我们可以做到：

建议1　鼓励孩子在平时表达自己的想法和感受

正是因为孩子处于语言敏感期，所以父母更应积极鼓励孩子说出自己的感受和体验、表达自己的观点，以此来培养他们的语言能力。

建议2　挖掘孩子的语言天赋

我们经常听人们这样说："如果在4岁前没有很好地教育孩子，那

么以后再怎样教育都是无济于事的。""在4岁前教会他所应该学会的知识，否则，长大后他会比别的孩子落后的。"这些话虽然不一定正确，但4岁前对孩子教育的重要性却要比我们所意识到的大的多。

当孩子进入语言敏感期之后，其实他们的大脑也在此时有了很大幅度的发育，此时可以说是大脑发育最快的一个时期，到了4岁之后，他们的大脑发育就要减速了。

另外，在4岁之前，孩子的语言天赋已经很好地表现出来。因此，在这一时期，父母除了要教会孩子说话外，还要引导孩子发挥他的这一天赋。如鼓励他朗诵诗歌，讲故事给他听，然后鼓励他复述等，这些都能在孩子语言天赋的基础上，极大地提高他的语言表达能力。

四、如何帮助孩子顺利度过人际关系敏感期

星星今年4岁半了，以前妈妈让他跟别的小朋友一起玩，他总是推辞，往妈妈身后躲，但从今年开始，星星好像完全变了一个人，妈妈带他到公园玩，不一会儿，他就跑到其他孩子身边去了。孩子爱交朋友是好事，但妈妈却担心一点，星星好像并不是很受人欢迎。

今年星星上了幼儿园，但他不喜欢别人碰他的东西，也不喜欢跟人分享，回家后，妈妈问他为什么不愿意跟其他小朋友交换玩具，星星说："那是我的玩具，我为什么要给他们玩？"妈妈告诉星星："要交到好朋友，就要懂得付出啊，你愿意把玩具让给其他小朋友，他们也会愿意让给你，这不是很好吗？"星星若有所思地点点头。

如何把握孩子心理

心理导读

"结交新朋勿忘旧友,亦如浓茶亦如美酒,情谊之路长无尽头,愿这友谊天长地久。"这是一首儿童友谊歌,每个人都需要朋友,我们的孩子也是更是。那么,在故事中,星星为什么突然喜欢交朋友了?这是因为孩子到了人际关系敏感期。随着他们不断成长,孩子开始学会识自己、形成自我,所以也开始和同伴交往,表达自己的感情。

其实,孩子人际交往敏感期就是从分享食物和玩具交换开始的。人类友谊的常青藤从幼儿期就开始萌芽了,可是怎么样建立友谊,怎样化解人与人之间的分歧和矛盾,让我们拥有更多的朋友,得到别人的认可,恐怕很多成年人都觉得无所适从。然而当我们还处在儿童阶段就开始了人与人之间的探索。很多家长意外地发现懵懂的孩子在幼儿园已经有了一个属于自己的小群体,这是为什么呢?孩子正处在人际关系敏感期。

这样的过程才符合孩子心理成长的规律。孩子们在一起的玩耍当中,他们的人际关系逐渐建立起来了,他们平等交往着,他们学会了承受、判断、如何与人说话、如何揣摩别人的心理,这奠定了他们人际交往的基础,这段时间对于孩子们来说实在是太重要了,他们需要大人的理解,更需要大人有技巧的帮助。

专家建议

那么,父母怎样引导处于人际关系敏感期的孩子交到好朋友呢?

建议1 鼓励孩子在平等的原则上交友

在孩子交友的过程,要教育他们信赖朋友,珍惜友谊,不要轻易地怀疑、怨恨、敌视他人,不允许无故欺侮弱者。

建议2 培育孩子关心他人,爱护他人,助人为乐的高尚情操

孩子无论在学校或家庭里,都有要养成这样的好品德:在家尊老爱幼,在校尊教师、爱同学。因为只有关心别人,才有可能与别人合作。

建议3　如果你的孩子已经交上了朋友，父母要及时给予肯定

比如对孩子说："真高兴你有了自己的朋友，听说你的朋友很棒，你们应该互相关心，互相帮助。"或者说："听说你交的朋友很出色，我很想见见他，你看可以吗？"

建议4　如果你的孩子还没有朋友，则应积极帮孩子寻找

比如鼓励孩子与家附近的孩子一起玩，与同事或同学的孩子一起玩，并适时和孩子讨论他们交往的情况，帮助孩子分析并做出选择。

建议5　要欢迎孩子的朋友到家里来

把孩子的朋友当成自己的朋友一样，采取热情欢迎的态度。当孩子来家里时，父母应该说：我们家来朋友啦，欢迎欢迎。或者：真高兴我的孩子有你这样的朋友，你们能来太好了！而且要鼓励孩子认真接待，让孩子的朋友感觉到你对他们的支持和赏识。

需要注意的是，对于孩子和朋友的交往，父母也不能听之任之，使孩子陷入不当的交际圈。而是要充分利用他们喜欢交往的心理，因势利导，正确地引导和帮助他们建立纯真的友谊。

父母要让孩子积极参加各项有益的活动的，但必须得让他们知道哪些朋友是不该交的。如果你对孩子的朋友某个方面很不满意，就应该当着孩子的面严肃地说出来。

友谊是每个孩子童年的重要组成部分。对孩子们来说，结交朋友似乎是这个世界上最自然不过的事情。毕竟，他们整天待在教室里，一块儿吃午餐，一起在操场上玩耍。然而有时候孩子也需要爸爸妈妈的一点帮助，把天天见面的熟人变成自己的朋友。由于年龄相近、志趣相投、关系融洽、地位平等，同伴群体能满足孩子游戏、友谊、安全、自尊、认同等方面的需要。父母要让孩子明白，友谊是一笔宝贵的财富，要鼓励孩子在周围的生活圈子中多交善友，这会让你的孩子一生受益无穷！

五、要抓住幼儿辨认颜色敏感期

费太太的女儿橙橙今年4岁了,她最喜欢着笔乱画。有一次,妈妈指着橙橙画在纸上的"东西"问她:"这画的是什么呀?"

橙橙很得意地说:"小汽车,妈妈你看,我的小汽车有翅膀。"

妈妈笑着说:"你搞错了吧,小汽车怎么可能有翅膀?而且你画了五个轮子,汽车怎么可能有五个轮子呢?来,妈妈教你,小汽车应该这样画……"

橙橙听后,原来兴奋的表情立刻消失了,她扔了画笔跑回了自己的房间。从那以后,她再也不愿意画画了。

心理导读

上述案例中费太太的初衷是教孩子画画,其做法扼杀了孩子在绘画敏感期对绘画的热情,挫伤了孩子的积极性,即使原本孩子有着这方面的天赋,也都很难再挖掘出来了。所以,教育专家建议,对于处于这一时期的孩子,家长切记不要对孩子的作品评头论足,更不要按照成人的思考模式去纠正他的画,要保护孩子的想象力,要知道孩子一旦被否定,就有可能会像案例中的孩子那样,自尊心受到打击,失去了绘画的兴趣。

那么,什么是孩子的色彩敏感期呢?

教育专家称,3~4岁是儿童对色彩的敏感期,儿童喜欢认识色彩,儿童对色彩的认识更多地体现在生活中,他选择玩具的颜色、选择衣服的颜色,等等。小学三年级后,儿童已经将色彩融入了自己的意识中,色彩开始被儿童使用并表现在绘画中。

科学家早就发现，孩子3~4岁就进入了涂鸦敏感期，在此阶段，儿童往往通过涂鸦和画各种画来表达自己的感情。这是孩子在表达能力不够完善时的一个补充，也是孩子充分发挥自己想象力和儿童独有创意的一种方式。在这个时候，家长该做的就是陪着孩子"玩"画画，而不应该加以限制或者急功近利，让其接受专业的绘画训练。

专家建议

那么，我们父母如何抓住孩子的色彩敏感期进行引导呢？

建议1　让孩子自由创作

每个孩子都会经历涂鸦期，也许在家了的地板上、墙壁上、书本上、床单上，到处都是孩子的杰作，对此，爸爸妈妈不要盲目制止，也不要想去教孩子画画，孩子眼里的世界和我们大人不同，我们要在轻松的氛围下让孩子轻松度过涂鸦期，让其自然地去爱上画画！

建议2　"听"出孩子画作背后的意义

日本育儿专家鸟居昭美在《走进孩子的涂鸦世界》中指出：在孩子还小的时候，他们喜欢用涂鸦的方式表达自己的想法，他们的作品与成人作品不一样，后者是用眼睛来欣赏的，而孩子的画则应该是被"听"的，倾听孩子画里的含义，他的画才有意义。所以，父母要学会用心去倾听孩子作画时的想法，以此来更多了解孩子的思维和内心世界。

有这样一个孩子，他在画纸上画，结束后，妈妈看到的是漆黑一团的画纸，便好奇地问："宝贝，画上画的是什么？"他说："妈妈，我画了很多花，还有很多在旁边飞舞的蝴蝶，它在飞呀飞呀，最后飞累了天也黑了，就变成了漆黑一团。"

很多父母遇到这种情况，也许还没来得及好好听孩子说话，就给孩子当头一棒，这样做，孩子会觉得十分委屈和茫然。在他看来，他的画如此美丽，他也用了心去画，但却被父母说得一文不值，那他以后还怎么敢去大胆地想象？更严重的是，他怎么还会有画画的兴趣呢？

建议3　顺其自然，不要急于让孩子进行专业训练

孩子的绘画敏感期到来，一些父母发现孩子喜欢画画，就认为肯定是自己的孩子具有这方面的天赋，于是，赶紧给其报个班，最好能考个级，为将来升学增加点"分量"，或者想把孩子培养成这方面的天才等。

然而，不少教育专家指出，儿童学画画最好别在12岁前参加美术考级。儿童应该在12岁以后再开始学习素描、速写、造型、明暗这些传统美术基本功，过早学习没有意义。当你的孩子爱上画笔时，可能是一种天赋，但更多地也只是因为孩子处于这一敏感期而已。

孩子进入绘画敏感期，他们便喜欢到处涂涂画画，我们确实要抓住孩子的敏感期，但是不要让孩子太"认真"地去学画画，这种模式只会扼杀了宝宝对绘画的兴趣。在绘画敏感期，儿童学画画就应该玩着学，让其自由发展才是正确的！

六、喜欢哼唱的音乐敏感期

事例1：

牛牛今年4岁多了，他非常喜欢音乐，每当他听到电视里播音乐节目或者听到电视剧插播音乐的时候，他都会跟着节奏哼唱几句。但只要每次他开口，在一旁看电视的妈妈就打断他："你还是别唱了，难听死了，跟鸭子一样，去，一边玩去，妈妈看一会电视。"久而久之，牛牛心想，肯定是自己真的唱得很难听，于是，再也不唱了。

事例2：

小小是个4岁的女孩，每次当她听到音乐声响起的时候，她都会翩翩起舞，嘴里也唱起歌来。妈妈认为，自己的女儿一定是有音乐天赋，所以，一定要及早培养，于是就给她买了一架钢琴。妈妈刚买回钢琴的时候，小小很高兴，每天都会坐在钢琴前练习，但还不到一个月的工夫，小小就对弹琴失去兴趣，任凭妈妈再怎么劝说，她都不想弹了，妈妈感到很恼火，这孩子怎么这样！这样将来怎么能成为音乐家？

事例3：

"一天晚上，我在厨房做晚饭，听到客厅传来并不是很好听的歌声，我走进客厅，看到我4岁的女儿在随着伴奏的音乐唱歌，我马上对她说：'宝贝，你唱的简直太棒了！'但是我从来不要求她每天唱歌，后来学习声乐也是她自己主动要求的，她一直对音乐很感兴趣，而现在，我的女儿大了，她已经出了自己的专辑，我是她忠实的歌迷。"

心理导读

很明显，我们能看出来这三位母亲谁的教育方法值得称赞。英国一位心理学家曾经说过：从孩子出生的那一刻起，他们就已经才华横溢了。也就是说，在孩子出生的那一刻，是带着一些才华来到这个世界上的，这就是孩子日后学习的愿望和学习的能力。当孩子发现不同的乐器发出的声音会创造出一种叫"音乐"的东西时，他们便进入了音乐的敏感期。

儿童的世界是简单的，当他们进入这一时期后，他们会喜欢哼唱，听到音乐的时候就手舞足蹈等，其实，他们是想表达：他需要音乐。在这种情况下，妈妈如果顺应了孩子的意愿，及时地让他接触音乐，那么，他的音乐天赋就有可能被开发出来。而再进一步，如果妈妈引导得当，那么，孩子也许真的能成为音乐方面的人才。但如果家长视若无睹或者急功近利，都有可能打消孩子的积极性，扼杀孩子的天赋。

如何把握孩子心理

所以，在这一敏感期中，家长只有悉心呵护，谨慎对待，才不会让孩子学习音乐的积极性受到影响，才不会使他的音乐天赋迅速消失。

专家建议

建议1　为孩子营造一个好的音乐环境，但不强迫他学习某种乐器

每个孩子都会具有音乐天赋，当他还处于婴儿时期的时候，一听到音乐他的身体就会很自然地产生一种反应。而在4岁左右的时候，孩子的这种反应就会变得很强烈，这时候他就进入了音乐敏感期。在这个阶段，如果妈妈能满足孩子内心对音乐的需求，那么他的音乐天赋往往就能最大程度地开发出来。

首先，家长要选择合适的音乐，要为孩子播放一些经典音乐，培养孩子的乐感，而不要放流行歌曲，以免孩子被某些歌曲中的不良因素所影响。其次，如果有条件，父母可以为孩子购买一些音乐设备，尽可能多地让他接触不同的乐器，激发他对音乐的兴趣。最后，妈妈可以和孩子一起欣赏音乐。

有位妈妈这样述说自己在培养女儿音乐天赋上的成就感：

"我的女儿是有音乐天赋的。在幼儿园的时候老师称赞她，主要是她唱歌的音调、节奏都不错。回到家，女儿会自己打开音响，播放钢琴曲。我不会去管她，但我会支持他。所以从老家搬出来以后，两个月前我特地买了一套音响设备和贝多芬的全套钢琴曲，还有朗朗的钢琴曲。用餐时放朗朗的曲子，很快她就喜欢上了。还说朗朗是她的最爱！不久我换了贝多芬的曲子，她也慢慢习惯听了，到现在，她主动会在用餐时间放曲子。"

建议2　不要用成人的眼光去评价和打击孩子

孩子虽然处于这一敏感期，喜欢哼唱，但对音乐还没有系统的学习，甚至还吐字不清，但这些都是他在表现自己的音乐天赋，他乐在其中。妈妈不要用成人的眼光去评价孩子的歌声，更不要去打击他。

就如事例中的妈妈一样，妈妈也许是无心的嘲笑，却会给孩子今后

的人生留下阴影,所以,不论孩子的歌声是怎样的,妈妈都应该给予他鼓励,支持他,让他尽情发挥音乐天分,只有这样才能帮助孩子顺利度过这一敏感期。

建议3　不要强迫孩子去学习音乐

在音乐敏感期,孩子对音乐感兴趣,喜欢音乐,这只是一种阶段而已,不是所有孩子在这一方面都有天赋,即使是要孩子去学习音乐,也要征询他的意见,要照顾到他的兴趣。强迫孩子学习音乐,反而让她失去了学习音乐的兴趣。

在这一个敏感期内,孩子都会喜欢音乐。但喜欢音乐的孩子也不一定非要成为音乐家,我们也绝不能抱着"将孩子培养成音乐家"的心态去要求他认真学习音乐,否则,他同样会失去学习的乐趣。而且在家长的压力之下,孩子是无论如何都不能学好音乐的。

七、以正确的心态面对孩子的性别敏感期

周末的一天,秦太太和4岁的女儿丹丹在家看电视连续剧,说实话,秦太太最讨厌看这种又臭又长的电视剧了,但在家实在无聊,就打开电视看了起来。

现代都市的情感剧免不了一些"少儿不宜"的镜头,秦太太马上拿起遥控器准备调台,但丹丹已经看到了,她马上问秦太太:"妈,男人与女人为什么要亲嘴……结了婚为什么就生小孩了……我又是怎么来的……我为什么是女孩呢?"

女儿一连串的问题让秦太太不知道怎么回答,她明白,是时候告诉女

如何把握孩子心理

儿这些性知识了，"性"的问题，不能对女儿避而不谈了，孩子终归是要长大的。

"丹丹啊，其实呢……"

心理导读

的确，我们的孩子在一天天长大，原本他只是个襁褓中的婴儿，但一转眼，他已经学会说话，学会向父母提问题了。而孩子到了3岁左右，他们最喜欢问的问题就是："我是从哪来的？……人为什么只分男女？"这让很多的父母不知所措，或是很尴尬，但这样反而让孩子产生更多的疑问。其实，这是因为孩子进入了性别敏感期。

每个宝宝从他出生的那刻起，也许家人所问的一句话就是："宝宝是男孩儿，还是女孩儿啊？"之后，父母就会因孩子性别的不同而给予不同的反应，也会在内心盘算出完全不同的教育方式。

到孩子3岁多的时候，他们就会对人的性别问题产生疑问，他们会突然好奇自己的"小鸡鸡"、妈妈的乳房，突然好奇为什么男孩可以不穿上衣，为什么女孩子可以梳辫子，而男孩子则不可以，为什么女孩子能穿裙子，而男孩子则不能的时候，这就意味着孩子进入了性别的敏感期。

作为父母，如果你的孩子到了这个敏感期，我们成人的回答千万不能马虎大意，而以积极的方式来应对，做到这些，才能更好地帮助孩子度过这一敏感期。

然而，面对这个问题，大人们似乎总是很害羞，大多数家庭中仍然是谈"性"色变；有一部分思想开放的家长想给孩子提前教育，却又欲说还"羞"，不知从何说起。

专家建议

建议1　家长应转变观念

在传统的教育中，父母总是避讳和孩子谈"性"和生理上的问题，而

让孩子自己去摸索，往往使许多孩子因一时的"性"好奇，而犯下错误。父母是孩子性教育的启蒙者，以自然、正常的态度，教导孩子正确的性观念，才不会让孩子从一些非正面的渠道了解，才不会让他对"性"有错误的想法和观念，你的孩子才会身心健康地成长！

其实，对于这一问题，我们要抱着一颗坦然的心，才能帮助孩子面对性别问题，帮助孩子度过性别的敏感期。而到底什么是坦然的心呢？就像教孩子认识眼睛、嘴巴、鼻子一样去认识他们好奇的世界就足够了。

建议2　从正面教育

对孩子的生理课教育不可缺少。如果父母对孩子的疑问支支吾吾、躲躲闪闪，那么，孩子就会产生更大的疑问，带着这些疑问成长的孩子，日后就有可能试图从其他渠道了解，这些片面的、似是而非的甚至色情淫秽的内容，会妨碍孩子的身心健康的发展。所以，我们要从正面的角度去教育孩子，让孩子接受健康的、全面的知识。

建议3　充实自己的性知识，为孩子解答疑惑

为什么许多家长在与孩子谈论性别问题时感到困难或者无从回答？其中一个主要的原因是家长对这些问题也很迷茫。事实上，正是因为家长们对这些问题避而不谈，导致了他们对性的知识也有限，因此，作为家长，应该学习一些有关性方面的知识来充实自己，了解一些与性教育有关的知识。有了比较足够的知识准备，与孩子谈论性问题时才会有自信心。父母亲的自信心是轻松而有效地实施性教育的关键。

建议4　以自然态度面对孩子的问题，恰当回答

三四岁的孩子其实已经有了初步的辨别的能力，因此，在进行正确性教育前，父母先有纯正思想，而后才能提供适当的性教育，使孩子在很自然的情况下，吸收性知识。另外，对孩子好奇的一些常规问题，家长既要如实相告，又不能太复杂，否则，只会让孩子更困惑。如：人是怎样出生的？父母可以从植物结果讲起，接着联系到人的"性"与生殖，也可以从动物的生殖活动进行示范性比喻。浅显地介绍人类生殖的生理，有助于孩子弄清问题。

  总之，孩子的性别意识是其形成自我意识的一个重要组成部分，而性别认同则是孩子从出生起就开始的一个学习过程。当孩子处于性别敏感期时，我们父母千万不可采取吞吞吐吐或是躲躲闪闪的态度来对待孩子，那样只会让他们对此产生越来越浓厚的好奇心；也不可对孩子进行错误的性教育，那样不利于孩子性心理的健康发展。

第十章

不要给孩子制造心理雷区：父母是孩子的天

　　我们发现，不少家长在教育孩子的时候喜欢控制孩子的思想，为孩子安排好他们的未来，不允许自己的孩子反驳自己的意见；某件事做得好与不好，态度相差极大；觉得孩子永远都还小，不能自己独立处理事情等。其实这都是家长教育孩子的心理误区。父母的态度会直接影响了孩子的成长，所以，家长想要正确地引导孩子走向成功，还是要有正确的做法。

如何把握孩子心理

一、别给孩子贴"笨"的标签

美国有一个家庭,母亲是俄罗斯人,她不懂英语,根本看不懂女儿的作业,可是每次女儿把作业拿回来让她看,她都说:"棒极了!"然后小心翼翼地挂在客厅的墙壁上。客人来了,她总要很自豪地炫耀:"瞧,我女儿写得多棒!"其实女儿写得并不好,可客人见主人这么说,便连连点头附和:"不错,不错,真是不错!"女儿受到鼓励,心想:"我明天还要比今天写得更好!"于是,她的作业一天比一天写得好,学习成绩一天比一天提高,后来终于成为一名优秀学生,成长为一个杰出人物。

心理导读

生活中,我们常听到这样一句话:"说你行你就行,不行也行;就你不行就不行,行也不行。"从心理学的角度讲,这句话有一定道理。一个人的成长,除了先天因素外,种种影响因素中,社会评价和心理暗示起着非常大的作用。而在他们成长的过程中,他们最信任、最亲近的人就是父母,如果父母给他们的评价是正面的,那么,孩子长大后就会自信、开朗、勇敢。所以,专家称,任何时候,我们都不要给孩子贴"笨"的标签,哪怕孩子智力差一点,也要相信通过正确的引导、教育也一定能进步的。不说孩子"笨",也体现了对孩子人格的尊重,为人父母者应牢记自己的孩子是聪明的。

的确,对于孩子来说,一句鼓励的话等于巨大的能量,等于成功的荣誉。孩子还小,并不是没有能力,所以,对于孩子来说"成不成为"是一

回事，而父母"相不相信"孩子有这样的能力又是另外一回事。当父母相信孩子能力的时候，就会传达给孩子一种积极的信心，对孩子的期望会转化为孩子行为的动力，影响孩子将来的成就和发展方向。因此，千万别用"你真笨"束缚了孩子头脑。

专家建议

陶行知先生说过："你的教鞭下有瓦特，你的冷眼中有牛顿，你的讥笑中有爱迪生。"现代科学已经证实，发育正常的孩子，智力并没有多大差异。俗话说："捧一捧，就灵。"这句话就表明了鼓励对于孩子成长的作用，当然，鼓励并不是一味地说漂亮话，我们还得有的放矢，注意方法和技巧。

建议1　说结果

注意到了孩子整理房间的行为，即使孩子没做好，父母也可以说："我发现你今天已经整理了房间，现在房间焕然一新。做得真好，只是有些地方需要注意！"

建议2　说细节

你可以告诉孩子："你看，你不仅把床上的被子都叠好了，还把桌子上的灰都擦干净了。真是好样的！"你的鼓励表达得越具体，孩子越是能看清楚自己的行为中哪些是对的，越是知道如何重复去做这一正确的行为。而这样，对于你未曾提到的一些行为，他们也就明白自己做得不到位。

建议3　说原因

一次单元测试成绩公布后，你的孩子没考好，在分析试卷时，你不要指责孩子不好好学习，而是对他说："你不是能力不行，也不是基础差，更不是不如别人，是你太粗心了，没审清题意，不然，凭你的智力是完全可以做出来的！"这种有意的错误归因，既维护了孩子的自尊，又增添了孩子的自信心。

建议4　说内在人格特质

父母可以说:"看得出来,你是个很负责任的人。"称赞的时候,父母要多谈人格特质,而在做批评时,就该谈行为,而避谈人格特质。

建议5　说正面影响

例如,可以这么说"有你这样的女儿,爸妈觉得很高兴,你真是爸妈的贴心小棉袄,知道为妈妈分担了"。

其实,鼓励孩子也是需要技巧的,大部分父母亲都习惯和孩子说:"爸妈以你为荣。"其实这句话的着眼点,应针对人格特质,而非学习成绩或表现。当父母如实说:"你这次数学考了满分,爸妈真以你为荣。"这时,孩子会有个感觉,只有满分,爸妈才会"以他为荣",那万一下次没考好,父母亲就不再感到骄傲,甚至还可能"以他为耻"。但是换一种说法,强调人格特质就对了:"这次你考了满分,爸爸、妈妈发现你很努力,才有这么好的进步,这份努力,爸爸、妈妈很引以为荣。"如此一来,孩子就会知道,只要他努力,不论成绩如何,父母都会引以为傲。

教育子女,是一大学问。至今为止,尚未发现任何方式能够比关怀和赏识更能迅速刺激孩子的想象力、创造力和智慧。孩子都是在不断的鼓励中坚定自己做事的信心的。为此,我们的孩子无论表现多么差,我们也不能给其贴笨的标签,要始终呵护孩子的自尊心和自信心,多多鼓励,让孩子走出精彩的人生!

二、父母的离异对孩子是一个巨大的打击

小小是个很可爱的孩子,他原本生活在一个衣食无忧的家庭里,他的

爸爸是一家公司的高管，母亲是家庭主妇。但就在她7岁的时候，命运和她的家庭开了个玩笑——她的爸爸妈妈离婚了，原因是因为爸爸出轨，后来，小小由其母亲独自抚养。妈妈把全部希望都寄托在小小身上，要她好好读书，日后成为一个有作为的人。

虽然妈妈对小小寄托了很大的希望，自己省吃俭用供小小读书，但是小小的成绩总是很差。妈妈想尽一切办法帮助小小，可还是不见起色。后来经过观察，妈妈发现跟自己的家庭氛围有关。妈妈性格内向，加上小小的爸爸妈妈离婚，还有生活的压力，所以总是愁眉不展，因此，家里总是笼罩着一层沉重的气氛。小小的爸爸也偶尔会来看望小小，但和妈妈说不到三句话就开始吵架，在学校的时候，小小也能感觉到周围的人都在嘲笑他，久而久之，小小的心灵也蒙上了阴影，小小也有了沉重的心事。

心理导读

对于任何一个成长期的孩子来说，他们都希望有一个完整、和谐的家庭，父母相亲相爱，在这个的环境下成长，他们也才会真正快乐，但父母关系破裂、离婚对于心智尚未成熟的孩子说，确实是一个不小的打击，但父母也有追求幸福的权利，所以，一些父母会产生疑问，难道要为了孩子选择维持名存实亡的婚姻吗？当然不完全是，对于尚能挽救的婚姻，父母要努力经营，但如果到了非要离婚的地步，就要多为孩子考虑，尽量把将带给孩子的伤害减到最小。

专家建议

建议1　在孩子面前要表现得宽容，让孩子知道即使父母离婚了也会继续爱他

父母离婚，无论是什么原因，都不要在孩子面前互相抱怨或者攻击对方，让孩子认为你们之间存在仇恨，你要在孩子面前表现得宽容。父母矛盾不断，只会让孩子感到矛盾，不知道谁是对的，谁是错的，最终会出现情感和行为分裂，使其人格成长受到影响。严重的会导致心理问题，乃至心理障碍和心理疾病。

建议2　对于孩子的教育问题，父母要共同协商

（1）经济方面。孩子要接受教育和培养，就要有物质上的付出，对于这一问题，父母不可推卸责任，也不可因为内心亏欠孩子而溺爱他，这样只会有损于孩子的成长。

（2）孩子成长中的重要事件。对于孩子成长中的诸多事宜，比如：什么时候读幼儿园、小学去哪里读、孩子学习成绩差要不要请家教、大学要读什么专业、以后出不出国等问题，最好都由父母共同协商。

建议3　孩子在学校的活动，父母要经常参加

孩子的学校生活中，少不了一些公共活动，比如家长会、运动会，在家长看来，这可能是无关紧要的小日子，但确实孩子成长过程中的大事，对于这样一些时刻，父母最好都在场。而对于孩子的生日，父母更要与孩子一起庆祝，这样，你的孩子就会明白，父母离异是他们自己的事情，他并没有因此失去父母，要告诉孩子爸爸妈妈都很爱他，也让孩子学会用语言表达自己的情感。

建议4　了解孩子的精神需求

抚养孩子，并不是只给孩子吃饭、穿衣即可，父母尤其是要对孩子的精神层面的需求给予充分满足；一定要抽时间陪伴孩子，哪怕只是陪着他们玩耍（这一点没有离异的家长也经常忽略）。

建议5　离异的父母要充实自己的生活

离异的父母如果不打算再婚的话，最好也有自己的工作或者其他兴趣爱好，也可以找一个伴侣，这样，你才不会因为空虚而把所有精力放到孩子身上，以至于给孩子造成太大的心理负担。也有一些父母认为为了孩子不找伴侣是对孩子好，其实不然。一个没有正常情感生活不快乐的人很难保持自我身心的平衡，不免将自己的不快乐情绪转嫁给孩子，反而不利于孩子的健康成长。

如果一些父母认为自己无法面临离异后对孩子的教育问题的话，可以咨询专业人士，获得他们的帮助，让自己尽快恢复正常生活，才有足够的能力不让孩子承受父母离异的痛苦。只有快乐的人，才能培养出身心健康的孩子。

三、不要放大孩子的"失败"

洋洋是个学习成绩一般的孩子，现在他已经上初二了，马上也要和很多面临中考的孩子一样接受高强度的学习压力。他知道学习的重要性，但每次考试的不理想已经让他没有多少积极性了。这次，洋洋又考了个不高不低的70分。

这天，他的心情很不好，放学回家后，他就直接进了卧室，连饭都不出来吃。

妈妈一看便知道原因，她并没有责备洋洋，而是耐心地问洋洋："你前一名的同学考了多少分？"

"75分。"洋洋小声地回答。

"儿子，别灰心，咱下次考试的时候争取超过他，好吗？"妈妈试探着问道。这时候洋洋毫不犹豫地说："行！"洋洋这时在想，区区5分，肯定能超过的。

从那以后，洋洋很努力地学习，不仅上课认真听讲，还按时完成作业，对于自己不懂的问题，他不是问老师就是问同学，终于，在一个月后的会考中，洋洋居然考了85分，连他自己都没有想到。

如何把握孩子心理

心理导读

洋洋的妈妈是个聪明的家长,面对孩子在考试上的失利,他并没有批评,而是给孩子设置了一个小的目标——超过前面最近的那个同学。这对于孩子来说是很容易达到的目标,结果,洋洋通过妈妈的鼓励和自己的努力,不但成功了,还给了妈妈一个惊喜。

可见,在孩子面对失败的时候,要考虑他们的心理承受能力,要重在鼓励,让孩子从失败中获得教训,进而奋起直追,从而一步步走向成功。

而生活中,很多家长看到孩子犯错误就急了,批评起来过火,也不注意场合,就大声呵斥孩子,甚至在很多围观者的面前动手打孩子。有些家长更过分,只要孩子犯了一点小错,就新账旧账和孩子一起算,把陈谷子烂芝麻的事情一股脑的给抖搂出来,以为这样的强刺激对孩子会起到较深刻的教育作用。而家长忘记的是,这样批评孩子,会严重伤害一个孩子自尊。其实,你越过火孩子越反感,并未取得应有的教育效果。反而让你的孩子对你产生严重反感情绪,这时候,你就失去了教育孩子的"武器"——父母的威严。严重的,很多孩子会产生逆反情绪,甚至会反抗父母的教育。

专家建议

那么,作为父母,该如何让孩子从失败中成长呢?

建议1　帮孩子找出失败的原因

孩子失败是不可能避免的,我们父母不要大惊小怪,应正确对待,弄清楚孩子犯错误的原因。从年龄角度出发,孩子有犯错误的"权利"。由于他们年龄小,经验不足,辨别能力又很低,再或者缺乏抵制能力和自制能力也是使得他失败的原因。

建议2　适当表扬,让失败的孩子重获自信

孩子失败后,当他误以为自己走投无路的时候,最需要父母帮助点燃心中的希望，看清自己的潜力。鼓励孩子坚信挫折只是暂时的，因为绝境与努力无缘。孩子在你的鼓励下就会跃跃欲试，孩子有了成功的体验后，以后就有面对困难懂得尝试的意识了。

建议3　给予尝试

孩子有时会主动拒绝尝试新的或他们曾经无法做好的事，但如果父母帮他们将目标确定成"试一试"，而不是"成功"，孩子的内心就会轻松许多。如果他们被剥夺了尝试的机会，也就等于被剥夺了犯错误和改正错误的机会，离成功之路也就越来越远。父母的聪明之处在于：即便是一次失败的努力，也让孩子觉得从中有所收获。所以当你的孩子拒绝尝试时，父母要及时地给予鼓励，鼓励孩子去尝试，哪怕是一次失败的尝试，如果孩子能在尝试中成功，那就会给他们以成就感，从而获得面对困难的勇气。如果尝试失败了，父母再出面予以帮助，让他懂得面对困难挫折不是退缩，而是勇敢地去解决。

建议4　借助孩子的其他优势来激励他

在某一领域里的充分自信，可以帮助孩子更好地面对来自其他方面的挫败。如果面临挫折，孩子将自己的优点丢在了脑后，父母一定别忘了提醒他，借助优势激励他改变弱势的信心。

总之，作为孩子的父母，不要让你的孩子成为一个弱者，不要让他在失败中不堪一击，不能让他像鸵鸟一样在遇到危险的时候，就把自己的头藏在沙土中以获得心灵上的解脱。这就需要父母掌握好教育的方法，不要在孩子受挫时依然放大他们的失败，相反，应该帮他们重获信心，培养孩子的抗挫折能力和越挫越勇的斗志，应该让孩子时刻记得，放弃就意味着失败，尝试就有成功的可能！

如何把握孩子心理

四、别当着外人的面宣扬孩子的过错

有位家长在谈到教育孩子的心得时说：

"有一天晚上，我和女儿在玩学习机，她突然仰起小脸凑到我的脸前说：'妈妈我给你说件事，你以后就只在我面前说我不听话，别在人家面前说我不听话。'说完她就亲了亲我的脸，不好意思地对着我笑。看着女儿，我的心里突然好酸，心情也久久无法平静，她才只有3岁半啊。3岁半的孩子希望妈妈只在她的面前说她、批评她，而不要在别人面前说她不听话，孩子的心是多么的敏感脆弱。我心疼地抱起女儿，向她保证以后不在人家面前说她不听话了。"

心理导读

的确，孩子都是渴望得到表扬的，尤其是一些生性敏感的孩子，她们也有自尊心。作为家长，应该时刻注意保护好孩子的自尊心，不要在众人面前说他们的缺点和过错，不要在众人面前批评他们。因为孩子每一个行为都是有原因的。这是由孩子的心理生理年龄特点所决定的。也许这些原因在成人看来是微不足道的，但在孩子的眼里那是很严重的事情，不了解原因当众批评他，非但不能解决问题反而会使问题变得更糟，使孩子产生逆反抵触情绪，导致对孩子的教育很难继续下去。

英国教育家洛克曾说过："父母不宣扬子女的过错，则子女对自己的名誉就越看重，他们觉得自己是有名誉的人，因而更会小心地去维持别人对自己的好评；若是你当众宣布他们的过失，使其无地自容，他们便会失望，而制裁他们的工具也就没有了，他们越觉得自己的名誉已经受了打击,则他们设法维持别人的好评的心思也就越加淡薄。"实际情况正如洛克所述,孩子如若被父母当众揭短,甚至被揭开心灵上的"伤疤",那么孩子自尊、自爱的心理防线就会被击溃,甚至会产生以丑为美的变态心理。

专家建议

很多家长就产生了疑问:"孩子自尊心强,难道孩子有过错就不能指出来吗?"答案当然是不,但是批评女孩也要掌握一定的原则和技巧,不能当众批评。家长应注意一些方式方法:

建议1 低声

家长应以低于平常说话的声音批评孩子,"低而有力"的声音,会引起孩子的注意,也容易使孩子注意倾听你说的话,这种低声的"冷处理",往往比大声训斥的效果要好。

建议2 沉默

孩子在犯错之后,会担心受到父母的责备和惩罚,如果我们主动说出来,孩子反而会觉得轻松了。相反,如果我们保持沉默,孩子会产生心理压力。

建议3 暗示

孩子犯有过失,如果家长能心平气和地启发,不直接批评他的过失,孩子会很快明白家长的用意,愿意接受家长的批评和教育,而且这样做也保护了孩子的自尊心。

建议4 换个立场

当孩子惹了麻烦遭到父母的责骂时,往往会把责任推到他人身上,以逃避父母的责骂。此时最有效的方法,是当孩子强辩是别人的过错、跟自己没关系时,就回敬他一句,"如果你是那个人,你会怎么解释?"这就会使孩子思考"如果自己是别人,该说些什么",这会使孩子发现自己也有过错,并会促使他反省自己把所有责任嫁祸他人的错误。

建议5　适时适度

　　这正如以上说的，不能当众批评，而应"私下解决"，这能让孩子明白父母的良苦用心，尊敬之心油然而生，比如，孩子考试成绩不理想时，家长和孩子坐下来一起分析一下考试失利的原因，提醒孩子以后避免此类情况的发生，就比批评孩子不用功、上课不认真效果要好得多。批评教育孩子，最好一次解决一个问题，不要几个问题一起批评，让孩子无所适从；也不要翻"历史旧账"，使孩子惶恐不安；更不要一有机会就零打碎敲地数落，结果把孩子说疲塌了，最后却无动于衷。

　　孩子毕竟是孩子，难免会犯错，家长批评一下固然重要，但是家长在批评的时候，千万要注意不要在人多的地方对他横眉立目训斥指责，这会伤害孩子的自尊，在一定的场合也要给足孩子面子。尊重孩子，保护他的面子，掌握批评的方式方法，这对孩子的成长来说是极为重要的！

五、你了解家庭冷暴力对孩子的危害吗？

　　小翔是个优秀的男孩，在家里的时候总是很听话，在学校的时候学习成绩都很好且一直是"三好学生"。但是最近小翔的爸爸却发现小翔每次放学都不按时回家了，有很多次甚至是等到天黑了才回家。

　　小翔的爸爸十分生气，这天，小翔的爸爸觉得自己再要不管小翔就要学坏了，于是他不管三七二十一就把小翔狠狠批评了一顿，事后也没有给小翔解释的机会。一天，小翔在茶几上写作业，他爸爸正在看报纸，突然电话铃响了，是小翔的老师。老师跟小翔的爸爸说，他们最近搞了一个课外辅导班，成绩好的学生在课后帮助成绩差一点的学生，尽快帮他们提高

☆ 第十章
不要给孩子制造心理雷区：父母是孩子的天

成绩，小翔最近几天之所以回来那么晚不是贪玩，而是在帮助同学。小翔很开心地跟爸爸说："爸爸，我没有去玩儿，我是在帮助同学。"小翔原本以为爸爸会向自己道歉，但是没想到爸爸说："就你还去帮助别人，你还是得了第一名再去帮助其他的同学吧。"

小翔因为爸爸的这些冷嘲热讽开始变得郁郁寡欢，每当他想要帮助同学的时候爸爸冷嘲热讽的话就会从脑海中回响起来。后来，他再也不敢帮助同学了，和同学的关系也开始疏远了起来。而且小翔从听到爸爸说"你还是得了第一名再去帮助其他的同学吧"这句话的时候他总觉得爸爸对他不满意。他的心理压力特别大，成绩也受到了影响，和爸爸的关系也越来越僵。

心理导读

随着社会的进步，人们的生活水平不断提高，但人与人之间的交流却少了，在我们心灵的港湾——家中同样也是如此，冷暴力的现象越来越多的出现在家庭中。所谓冷暴力，是暴力的一种，它的表现形式为冷淡、轻视、放任、疏远和漠不关心。导致他人精神上和心理上受到侵犯和伤害。有些父母总是用自己的想法来要求孩子，孩子一旦达不到自己的要求便对孩子冷眼相向，不理不睬。孩子犯错时从来不会给孩子温和的言语和笑脸，受到父母的影响，孩子在与人交流的时候也不会太过友好。很多孩子会认为家长对待自己的方式也会是别人对待自己的方式，所以他们会渐渐疏远所有的人，把自己孤立起来。

俗话说：天下无不是之父母。父母做的每个决定都是为了孩子好，他们无意去伤害孩子，但是有的时候有些决定的后果却不是父母都能预料得到的。有时候面对冷暴力，孩子未必能理解父母的良苦用心。他们只会被这种这种暴力伤害得更深，从而影响亲子之间的交流。

家长想要更好地教育孩子就要及时跟孩子沟通，及时了解他们心中所想。在自己的心中摒弃冷暴力。只要父母和孩子建立了良好的沟通渠道，

如何把握孩子心理

父母才能更好地引导孩子。而且父母在向孩子提出更高的要求的时候一定要讲究方法,要比以往更有耐心。不要对孩子使用冷暴力,否则孩子不仅不能达到父母更高的要求,还有可能对自己进行自我封闭。所以家长教育孩子的时候使用冷暴力,就会得不偿失。

专家建议

父母们,你们了解孩子的无奈和痛苦吗?

建议1　冷暴力会影响孩子的性格发展

冷暴力会使孩子变得冷漠、孤僻,在学校,他们不愿意与人交流、玩耍,不愿意与人合作,表现得自卑,严重的可产生自闭症。

如果孩子所处的家庭冷暴力很严重,那么,久而久之,孩子内心就会变得越来越冷漠,心理防线很强,不愿意与人分享自己的事情,对待别人的事情也漠不关心,这就是孤僻,孤僻的孩子是无法融入集体的,未来也是无法融入社会之中的,这样的人不可能有很好的发展。

建议2　冷暴力会扭曲孩子的心灵

如果孩子长期处于冷暴力的生活环境中,久而久之,你会发现,无论孩子是男孩还是女孩,都会变得敏感、不轻易信任他人,外表冷漠,内心自卑又缺乏安全感,生活自闭,这对于孩子的成长是极其危险的。

建议3　冷暴力会影响孩子未来的婚姻家庭生活

如果孩子从小就生活在一个冷暴力的家里面,那么,随着年纪的增长,他们最终也会组建家庭,他们就会把自己的一些负面情绪带到以后的感情生活和婚姻里面去,尤其是在自己遇到争吵的时候,他也会采用冷暴力的方式去解决问题,这就是恶性循环,他们的孩子也会受到影响。

六、一定要给孩子解释的机会

林太太是一家外资企业的部门经理,她有个很可爱的女儿,但她工作非常忙,有时候根本顾不上照顾自己的孩子。于是,星期天的时候,她把女儿的姥姥从农村接过来,一是让老人在这里帮忙照顾一下孩子,二是也让自己的妈妈享受一下城里的生活。

林太太的女儿很懂事,自从姥姥来了以后,怕姥姥闷,每天都带姥姥出去散步,还用自己的零用钱给姥姥买鲜花。姥姥高兴地逢人便说:"我活了六十多岁了,还头一次收到别人送的花呢!"

一天,林太太下班刚进门,听到房间里有"汪汪"的叫声,推门一看,一只活蹦乱跳的小狗正在房间里乱窜。忙碌了一天的她,看到家里乱乱的样子,不免心烦意乱,张口就训斥女儿:"马上就考初中了,还弄这些东西干吗?乱死了!"女儿正要向她解释什么,她却不由分说地继续呵斥孩子:"给我扔出去!把它给我扔出去,不用解释!我不想听!"说完就要去抓那只小狗。这时,女儿的眼泪"唰"地流了出来,她好像想说什么,但什么也没说,一转身回到自己房间,把门重重地关上了。

林太太很生气,刚想追过去再训女儿,姥姥对林太太说:"你别骂孩子了,这是孩子给我买的,他说怕我在家寂寞,买了一只小狗来陪我。孩子都是出于好心,你要是觉得不喜欢,可以好好和孩子说,把它送给别人就可以了,不要再骂孩子了。"

林太太很后悔地推开女儿的房门,看到女儿正趴在床上哭。她拍着女儿的肩膀说:"妈妈错了,妈妈不该不听你的解释,以后妈妈会改的。"

心理导读

其实，现实生活中，在不少家庭都发生过和林太太家这样的情况：孩子犯了一个小错，父母单凭自己了解的情况对孩子的行为做出评价和责备，当孩子申辩和解释的时候，父母就会气上加气，心想："你犯了错还狡辩？"于是，对孩子大喊一声："住口！"父母忘记了可能孩子有自己的原因，孩子的心理也是脆弱的，需要父母的呵护，父母不妨想想你的孩子这个时候该有多么委屈，即使事后你为冤枉了孩子而向他道歉，但对他的伤害仍然无法弥补。

因此，父母不要一看到孩子做了不顺自己心意的事情就劈头盖脸地斥责孩子。不管什么时候、什么事情，一定要首先给孩子解释的机会，让孩子把事情的经过说清楚，然后再下结论。

专家建议

有调查结果显示，"住口！"两个字，是孩子们最不愿意听到父母说的话之一。剥夺了孩子解释的权利，也就是剥夺了孩子的感受。父母可以站在一个孩子的角度想象一下，如果有人对你说，"你无权有那样的感受，你更无权解释"，你或许会大发雷霆。当孩子被剥夺了感受的权利时，他们也会感到难过。孩子在成长的过程中，自我意识也逐渐增强，当孩子在体尝自我的时候，父母拒绝他的感受，就是在拒绝他本身。

批评对于孩子来说，的确是必须的一种教育手段。及时的批评可以纠正错误；恰当的批评可以使他认识错误，改过自新；严厉的批评可以使他猛醒而悬崖勒马……在社会生活中，批评是修正和协调人与人之间、人与社会之间关系，帮助他人改正缺点错误的重要手段，是必不可少的，但父母一定要给孩子一个解释的机会，接纳孩子的感受，才是正确的教育方法。他们由于不成熟、自我约束力差、自我纠错能力差，所以在成长过程中会做出一些不尽如人意的事，但有些事情是孩子出于善意，父母不能不

问缘由就采取批评手段，意图把孩子"骂"醒，这都是不明智的做法。如果大人们再不及时修正自己的教育策略，那么，和孩子之间的误会就会越来越深。那些经常被喝令"你不用解释"的孩子，渐渐放弃了为自己辩解的权利。他们背负着很多的委屈，一个人默默承受，而这样的负担可能会造成严重的心理问题。

　　因此，多听听孩子的解释，多从一个孩子的角度考虑问题，让你的孩子有辩解和申诉的机会，是孩子的基本权利，也是保证孩子身心健康必不可少的一个环节。当父母认为孩子做错了事情，不要急于做出判断和结论，而要首先倾听孩子的解释。你可以说："好吧，和妈妈说说当时的情况。"当孩子对一件你曾经认为错误的事情做出合情合理的解释时，你应该说："原来你有自己的想法，妈妈明白了！"

第十一章

每个孩子都有叛逆期：父母要及时引领孩子回归

　　孩子到了十几岁之后，随着身体的发育，他们在心理上也发生剧烈变化，表现在成人感、独立感的增强，产生认识自己、塑造自己的需要，他们开始意识到自己不再是孩子，而是大人，他们不希望成年人干涉，渴望独立，他们对父母和老师之言不再"唯命是从"了，他们更会嫌父母和老师管得太严、太啰唆，对家长和老师的教育容易产生逆反心理。因此，这一期间我们称之为逆反期，作为父母，一定要理解孩子的逆反心理，并加以引导，只要我们方法得力，恰当处理，就可以兴利抑弊，即使孩子产生逆反情绪，也能及时引领孩子回归。

一、你了解孩子叛逆的心理原因吗

场景一：

上初三的毛毛染起了黄头发。

回家后，妈妈说："谁允许你染头发的？你照照镜子，活脱脱一个小流氓，明天不染回来就不许进家门！"

毛毛反驳道："我就是喜欢，为什么要听你们的？"

场景二：

妈妈："最近怎么回事，老有男生打电话找你，成什么样子？你已经是大女孩了，不能乱和男生接触。"

女儿："要你管？"

场景三：

你说："天冷了，穿上毛裤吧。"

孩子说："用不着，我不冷。"

你说："天气预报我刚听过，还能有错吗？"

孩子说："我这么大了，连冷热都不知道吗？"

你说："你怎么越大越不听话，还不如小的时候呢？"

孩子说："你以为我傻呀，真是的。以后少管闲事。"

☆ 第十一章
每个孩子都有叛逆期：父母要及时引领孩子回归

心理导读

　　这样的场景，或许很多家长都遇到过。我们会发现，孩子到了青春期后，好像总是故意和自己作对，总和自己唱反调。很多父母感叹："我让他往东，他就是往西。""我说的话，他就没有听过。"的确，青春期的孩子，常常会产生逆反心理。逆反心理是指人们彼此之间为了维护自尊，而对对方的要求采取相反的态度和言行的一种心理状态。

　　那么，青春期的孩子为什么会如此逆反呢？

　　孩子之所以产生叛逆心理，有以下三方面的原因：

　　第一，青春期的孩子因为身体发育而产生了一些属于青春期的独特心理。身体上的变化、第二性征的出现给他们的心理造成了一些冲击，他们往往会对此感到不知所措，因此，他们便会产生了浮躁心理与对抗情绪。

　　第二，除了身体上的发育并趋于成熟外，青少年还渴望独立，希望周围的人把自己看成成年人，因此在面对问题时他们常常呈现一种幼稚的独立性。

　　第三，自我意识的增强。社会上各种新奇事物的冲击也让青少年们对很多东西产生兴趣，他们便要通过表现个性、追逐时尚等方式来满足好奇心。

　　另外，很多其他因素，比如，社会和家庭教育的一些不足，也成为青少年叛逆的源头。此外，青少年如今面临的各种压力，比如就业压力、学习压力以及生活中的无聊情绪等，也是叛逆心理产生的"沃土"。

　　很多家长一看到孩子出现与以往不同的举动，就认为这是青春期的逆反行为，担心自己的让步就意味着孩子的越轨，然而，对孩子的每个小细节都横加指责会使较小的争吵升级为全面战争。因为，孩子最厌恶的就是父母对自己管得太多、干涉太多。

　　为此，在孩子有逆反苗头的时候，家长首先要反思，也许是自己正在挑起这种情绪，或者孩子对自己的什么地方有意见，然后有针对性地找办法解决。

如何把握孩子心理

专家建议

任何一位家长，都希望自己的孩子能健康、顺利地度过青春期，而孩子的叛逆心理，则是孩子生活、学习的最大杀手，同时，它也打扰了正常的家庭生活秩序，有些孩子甚至在青春期一味地反抗家长而走向了违法犯罪的道路。因此，在这个过程中，家长的疏导就显得尤为重要。

建议1　面对孩子的变化，不必大惊小怪

我们首先要做的是了解孩子身心的变化，然后，便能理解孩子的这些变化其实都不是什么大问题，在此基础上，我们就能坦然接受孩子的变化，并能转换角度，从孩子的立场看问题。

建议2　找出孩子产生叛逆心理的原因，有的放矢，对症下药

我们知道，每个青春期孩子产生叛逆心理的原因和表现都是不同的，如果女儿只是尝试穿妈妈的高跟鞋，用妈妈的化妆品，或者儿子换了一种新潮的发型，您完全可以把这种现象当作普通的爱美之心。比如，你可以告诉孩子："妈妈知道你是想保持身材，这是好事情呀，显得漂亮是你的权利呀。但是最好穿厚些，感冒了，会影响课程，那样会很受罪和心急，那时候你还会有心情欣赏自己的体形吗？"

如果孩子事事和您作对，拒绝接受您的任何意见，就需要第三方的介入，让孩子信任的长辈与他好好沟通；或者寻求心理医生的帮助，进行家庭干预或家庭治疗。

在出现比较激烈的叛逆心理时，学会心平气和地去开导他们，也可以适当地请教心理专家，用理解的心态逐步解决问题。

建议3　与孩子交流忌从学习入题

同孩子交流，家长不要老以学习成绩入题，这样只会让孩子心有压力，怀疑家长交流的动机。交流时，家长可以从家事入手，将孩子的情绪稳定下来后，再谈正事。

建议4 孩子的叛逆也可以预防

为了不让孩子出现逆反情绪，您需要从小就和孩子建立良好的亲子关系，积极和孩子进行沟通。在和孩子沟通时，最好以朋友的方式，将孩子当作一个独立的个体尊重。

总之，青春期是人生的关键期，需要家长多些关心，但家长要保持平静心态，了解孩子成长的规律，更多帮助孩子解决实际问题。

二、教育叛逆期的孩子，家长不能太专制

菲菲出生在书香门第，从小受家庭氛围的熏陶，知书识礼，乖巧伶俐。父母视她为掌上明珠，百般呵护。但菲菲的家教很严，爸爸妈妈经常搬出"女儿经"，谆谆教导女儿不许这样不许那样。在十几岁以前，菲菲也一直是个很听话的乖女孩。

进入初中以后，随着学习和生活环境的变化，父母的管教让她觉得很烦躁，她甚至觉得家就像个牢笼一样，她害怕回家。

一次，天都黑了，菲菲爸妈发现女儿还没回家，问了所有同学都没有菲菲的消息，他们只好自己找，结果却发现菲菲一个人坐在学校的操场上发呆。他们纳闷了：女儿到底是怎么了？

心理导读

菲菲为什么不想回家？因为家对于她来说家就是束缚。事实上，生活中，每个人都需要自由，孩子也是一样。如果我们束缚住孩子的手脚，让孩子不许做这个、不许做那个，对孩子大包大揽，那么，孩子会感到窒

息，他的一些优良的个性心理品质也会被压抑。而随着孩子慢慢长大，当他们进入青春期，他们的自主意识也越来越明显，对于无法呼吸的成长环境，他们一定会反抗，那么，亲子关系势必会变得紧张起来。所以，教育青春期的孩子，一定不能太专制。

任何一个孩子，都希望得到父母的认可和尊重，希望父母承认自己已经长大，能够处理一些自己的事情，需要更多的空间，而更多时候，家长往往把他们仍当成未成年人，所以对他们仍十分专制，希望事事替孩子拿主意，有些孩子一旦发现，便会觉得自己被他们轻视、小看了。这往往打击他们的积极性，使他们也对长辈产生半敌视心态。

作为父母，我们要记住的是，孩子也是独立的个体，而不是我们的私有财产。

专家建议

任何父母，都希望自己的孩子把自己当朋友，对自己倾吐成长中的烦恼与快乐。然而，孩子越大越难与他们沟通。这是很多父母共同的感受。这是由什么造成的呢？其实，孩子也想对父母说实话，只是很多父母总是太专制，甚至压制孩子的想法，孩子又怎么愿意与你沟通呢？因此，聪明的父母都会给孩子自由。

为孩子，我们要做到：

建议1　不要压制孩子的想法

即使孩子的看法与大人不同，也要允许孩子可以有自己的想法。父母应考虑到孩子的理解能力，举出适当的事例来支持自己的观点，并详细地分析双方的意见。父母不压制孩子的思想，尊重孩子的感觉，孩子自然会敬重父母。

建议2　支持孩子在小事上自己拿主意

当冉冉几次不肯睡觉时，妈妈对她说："冉冉，我相信你一定能管好

自己，因为你明天7点要起床。所以，你自己会在9点前上床睡觉，我相信你会自己注意时间。"果然，冉冉听话多了。

其实，家长可以支持孩子自己管理自己，并提醒他界限何在。当孩子做选择时，觉得自己的确享有主导权，这一点会令他开心。

建议3　在允许的情况下，让孩子自由支配时间

我们应该尊重孩子自己的选择，让他有一些自己独立支配的时间，比如，晚上空余时间，孩子是睡觉，还是看书，我们不要干涉。

建议4　父母保持适当的权威

许多家长也许在自己的孩童时期，所接受的教养方式是极端权威和专一的，父母说一，他们绝不敢说二，所以，他们从未享受发表自己意见的权利。于是，他们把这种教育方式传达给了孩子。如果孩子所争取的是对他自己的自主权，而不是对父母的或其他人的管理权，那么他的要求就没什么不对。父母应将大人的权力保留在适当范围内，别将它过分延伸到孩子身上。但同时，也要让孩子尊重父母的权威。但尊重孩子的权力发展，同时坚持对孩子有利的一些原则。

孩子从襁褓时期对父母完全的依赖，到发展自我意识、建立自信、试验探索，终于长大成一个独立的成人，这都需要主见的培养，青春期的孩子更是自我意识逐渐形成的阶段，要想孩子有主见，父母可以遇事问她的看法和想法，不管是学校的事还是家里发生的事，报纸上登的事，或者是路上看到的事，包括爱吃什么，爱穿什么，爱玩什么都要问孩子的意见，这样，孩子能感受到被尊重，那么，孩子不但学会了独自思考，还能拉近亲子间的关系，让孩子对我们敞开心扉。

如何把握孩子心理

三、叛逆期孩子的心事需要我们倾听

上了初中以后，小凯变得越来越不听话了，经常在学校惹事，他的爸爸也经常被老师请去，这不，小凯又在学校打架了。回家后，爸爸并没有训斥孩子，而是心平气和地把孩子叫到身边。

"我知道，老师肯定又把你请去了，我今天是少不了一顿打。"儿子先开了口。

"不，我不会打你，你都这么大了，再说，我为什么要打你呢？"爸爸反问道。

"我在学校打架，给你丢脸了呀。"

"我相信你不是无缘无故打架的，对方肯定也有做得不对的地方，是吗？"

"是的，我很生气。"

"那你能告诉爸爸为什么和人打起来吗？"

"他们都知道你和妈妈离婚了，然后就在背地里取笑我，今天，正好被我撞上了，我就让他们道歉，可是，他们反倒说的更厉害了，我一气之下就和他们打了起来。"儿子解释道。

"都是爸爸的错，爸爸错怪你了，以后别的同学那些闲言闲语你不要听，努力学习，学习成绩好了，就没人敢轻视你了，知道吗？"

"我知道了，爸爸，谢谢你的理解。"

心理导读

可以说，小凯的爸爸是个懂得理解与倾听孩子心声的好爸爸，孩子

犯了错，他并没有选择粗暴的责问、无情的惩罚，而是选择了倾听。倾听之中，表达了对孩子的理解，让孩子感受到了爱、宽容、耐心和激励。试想，如果他在被老师请去学校以后就大发雷霆，不问青红皂白地将孩子打骂一顿，结果会是怎样呢？结果可能是父子之间的距离越来越远，孩子的叛逆行为也可能越来越明显。

但现实生活中，这样的家长又有多少呢？随着现代社会生活步伐的提速、竞争压力的加大，作为家长，为了能给孩子一个优越的生活环境，常常由于工作忙碌，而忽视了与孩子多沟通，陪孩子一起成长。父母是孩子的第一任老师，也是孩子接触时间最长的朋友，在孩子成长的过程中，最需要的就是父母的关心，最愿意交流的也是父母，尤其是在孩子进入青春期以后，这种交流更为需要，因为这期间，孩子的自我意识加强，渴望脱离父母的束缚，如果缺少父母的理解，那么，亲子关系就会紧张，甚至对孩子的成长产生不利影响。

可见，父母不愿倾听、理解孩子的最终结果可能是失去了"倾听"的机会。常有家长这样抱怨：真不知道我家孩子是怎么想的，总是不肯好好听我说话。对此，父母应该反问自己：作为家长，你有没有听过孩子说话？我们把大量的时间用来批评和教育孩子，却忽略了倾听。父母应该做的不仅仅是为孩子提供良好的物质生活环境，同时，应该倾听孩子的内心，让彼此间的心灵更为亲近。

专家建议

建议1　放下父母的架子，平等地与孩子沟通

生活中，很多孩子说："每次我想跟爸妈谈谈心，刚开始还能好好说话，可是爸妈似乎都是以教训的口气跟我说话，我还没说完，他们就开始以父母的身份来教育我了，我真受不了。"其实，这些家长就是不懂得如何倾听，倾听的前提就是要和孩子平等地对话，这才能达到双向交流的作用，和孩子发生矛盾在所难免，但要等孩子把话说话，再提出解决的办法，这才会让孩子感受到尊重。

作为父母，一定要放下架子，主动与孩子交流，然后认真倾听，只有让孩子体会到家长对自己的尊重，孩子才能更加信任家长，达到和家长以心换心、以长为友的程度。在这种条件下，孩子对家长完全消除隔膜、敞开心扉，培养的过程因此将成为一种非常美好的享受。

建议2　摒弃成见，孩子的想法未必不正确

作为大人，很多时候认为孩子的想法是不对的，甚至是不符合常规的，抱着这样的心态，在倾听孩子说话的时候，会有一种先入为主的想法，会把孩子的话摆在一个"幼稚可笑"的立场，孩子自然得不到理解。其实孩子也是人，孩子也有一个丰富的心灵，我们要特别注意倾听他们的心声。

建议3　善用停、看、听三部曲

当孩子产生一些不良情绪时，父母就要察觉出来，然后主动接触孩子，运用停、看、听三部曲来完成亲子沟通这个乐章，"停"是暂时放下正在做的事情，注视对方，给孩子表达的时间和空间；"看"是仔细观察孩子的脸部表情、手势和其他肢体动作等非语言的行为；"听"是专心倾听孩子说什么、说话的语气声调，同时以简短的语句反馈给孩子。

可能你的孩子做得不对，但作为家长，不要急于批评孩子，应该在倾听之后，对孩子表达你的理解，在孩子接纳你、信任你之后，你再以柔和坚定的态度和孩子商讨解决之道，从而激励孩子反省自己，帮助他从错误中学习成长。

其实，每一个孩子尤其是青春期的孩子都希望得到父母的理解，因此，从现在起，每天哪怕是抽出2小时、1小时，甚至是30分钟都好，做孩子的听众和朋友，倾听孩子心中的想法，忧其所忧，乐其所乐，当孩子有安全感或信任感时，就会向其信任的成年人诉说心灵的秘密。这样，才有可能经常倾听到孩子的心灵之音，你的孩子才会在你的爱中不断健康地成长，快乐地度过青春期！

四、离家出走的孩子心里是怎么想的

曾经有一篇报道,这篇报道讲述了一个15岁的女孩离家出走的经历。

女孩名叫小菲,刚上初三。小菲和大多数生在福中的90后一样,被父母疼爱,在她的家里,父母关系很好,小菲还有个弟弟,但这并没有减少父母对她的爱。"所有同龄人拥有的电脑、手机、MP4……我们一样都不会给她落下。"

"但不知为什么,从初三开始,她似乎一下子就变了,开始不间断地离家出走。开始时,只是晚上没回家住,也不通知我们。第二天,我们不得不追问,此时,他才说头天晚上在朋友家玩得太晚就直接住朋友家了。但这种情况发生频率却越来越高。有一次,她竟然整整四天没有回家,我们也完全联系不上她。我们找遍了她所有可能去的地方,问遍了她所有要好的朋友,然而,都看不到她的身影。"

对于女儿的这种情况,小菲的父母很着急,他们也的曾想过报警,但是小菲在出走之前就狠狠地警告过他们,不要报警,否则后果自负。

每次小菲离开家,她的妈妈就彻夜不眠,她生怕女儿在外面出了什么事。有时候,难得小菲回来一次,她又害怕女儿继续出走。"平常一个电话都能把我们吓得冷汗直出。"小菲的母亲说,只要电话声响起,他们就害怕,怕是小菲出事的消息。

直到现在,小菲的父母都不明白,15岁本是一个无忧的年纪,15岁的孩子理应在学校和家庭的关怀下成长。而小菲却执意要过上漂泊的生活。而复杂的社会,将会把小菲变成什么样子?更让他们更担心的是,也许哪一次的任性出走,就变成了她与父母的永别。

如何把握孩子心理

心理导读

小菲事件并不是个例,对于青春期孩子离家出走的问题,专家称:孩子有问题父母难辞其咎。近年来,像小菲一样离家出走的事件时有发生,这给作为父母的我们带来了不小的困扰。令我们不明白的是,为什么现今的青春期孩子会出走呢?

孩子到了青春期之后,孩子们会为自己订立各种学习目标,而一旦没有实现这一目标,他们便感到气馁。

当然,这种压力更多来自家庭,家长的目标太高,孩子的考试成绩达不到要求,就给孩子施加压力,孩子就会感到恐惧,希望一走了之。

另外,青春期孩子通过各种信息渠道接受很多信息后,一部分人经受不住诱惑对读书不感兴趣,而热衷于读书以外的东西,像早恋或者迷恋网吧,进而发展到离家出走"实现理想"。

专家建议

对于家庭来说,每一个出走孩子的父母,哪一个又不是经历着山崩地裂般的灾难?有举着孩子的照片一个城市一个城市寻找的,有因找不到孩子而精神失常的,有为了孩子的出走相互责怪而导致家长离异的,还有为了找孩子而债台高筑的……那么,作为家长又该怎么做呢?

建议1 关注孩子的成长,尤其是孩子的心理变化

父母应经常注意孩子的心理变化和需求,很多孩子的出走往往都是出乎父母意料的。

如果你的孩子犯了错误,要善于引导他们,要指出问题的严重性,提出解决的办法,使之自觉改正错误,而不应该横加指责。长此以往,孩子就会因为逃避而离家出走。

建议2 不要过多地干涉孩子,否则只会适得其反

专家建议,家庭教育对孩子影响相当大,孩子的第一任老师是父母,

不少孩子离家出走是由于缺乏与父母沟通。因此，父母在平时要加强与孩子的交流，不要强迫孩子去做一些事，给孩子自由成长创造空间。比如，如果你的孩子不喜欢弹钢琴，那么，你就应该尊重孩子的想法。另外，对于孩子的学业，我们也不应该过多干预，青春期的孩子已经开始认识到学习的重要性，整天唠叨与叮嘱反而让孩子反感。

建议3　帮助孩子增长见识，使其正视诱惑

我们可以让孩子经历一些挫折和磨难，让孩子吃一些苦。家里较难的家务，孩子能做得到的，应让孩子去做。

根据孩子的年龄主动让他们到社会去闯，做错事的时候可能不少，家长要抓住这一机会指点孩子，并继续让孩子去做，错了再指点直到圆满完成。这有利于培养孩子的勇气、自信心、责任感，使孩子健康成长。只要孩子意志坚强，离家出走是不会发生的。

建议4　真诚接纳归家的孩子

如果孩子离家出走，但又自己回来，那么，家长一定要好好与其沟通，并安慰在外受苦的孩子，让孩子感受到家庭的温暖，把矛盾缓和了，问题也就解决了。而事实上，有些家长却对回来的孩子恶语相向，甚至打骂，让孩子再次选择离家出走。对此，专家建议，"父母的恰当做法是，家长应为孩子提供一个安定、和谐、温馨的家庭氛围，先让孩子一颗纷乱的心安定下来。慢慢地讲清道理，让孩子从'出走'的失误中懂得人生"。

五、青春期叛逆期的孩子总是心浮气躁，怎么办

周六晚上，吴太太在小区花园散步，遇到郑女士急急忙忙往外走，其

中一位女士问："您这是往哪儿赶啊？"

"去接苗苗啊，他在架子鼓班学架子鼓，大晚上的，我去接一下。"

"怎么是架子鼓？前几天听您说，苗苗在学钢琴啊？"

"哎，您就甭提这碴了，这孩子一天一个花样，今天想学这个，明天想学那个，我都被弄糊涂了。"

"孩子到了青春期，心狠浮躁，您得帮助孩子克服啊，不要孩子想学什么就是什么，这样没有目的的学，哪里能学的好？"

"你说的对，我原本还以为这是孩子的兴趣所在呢……晚上我去找你，我先去接苗苗了啊……"说完，郑女士就急急忙忙地走了。

心理导读

青春期是个半成熟的年纪，处于青春期的孩子，心灵深处总有一种茫然不安，让他们无法宁静，这种力量叫浮躁。"浮躁"指做事无恒心，见异思迁，心绪不宁，总想不劳而获，成天无所事事，脾气大，忧虑感强烈。浮躁是一种病态心理表现，其特点有：

（1）心神不宁。面对急剧变化的社会，不知所为，心中无底，恐慌得很，对前途毫无信心。

（2）焦躁不安。在情绪上表现出一种急躁心态，急功近利。在与他人的攀比之中，更显出一种焦虑不安的心情。

（3）盲动冒险。由于不安，情绪取代理智，使得行动具有盲目性。行动之前缺乏思考，只要能赚到钱违法乱纪的事情都会去做。这种病态心理也是当前违纪犯罪事件增多的一个主观原因。

可以说，浮躁是孩子成长路上的大敌，比如，有的孩子看到歌星挣大钱，就想当歌星；看到企业家、经理神气，又想当企业家、经理，但又不愿为了实现自己的理想努力学习。还有的孩子兴趣爱好转换太快，干什么事都没有长性，今天学绘画，明天学电脑，三天打渔两天晒网，忽冷忽热，最终一事无成。

专家建议

为了改变孩子的浮躁心理,父母应指导孩子注意以下问题:

建议1　引导孩子树立长远志向

父母在帮助孩子树立远大理想时,要注意两点:一是立志要扬长避短。有的孩子立志经常不考虑自身条件是否可行,而是凭心血来潮,或看到社会上什么挣大钱,就想做什么工作。这种立志者多数是要受挫的。父母应该告诫孩子,根据自己的特点来确立目标(最好和孩子一起分析孩子的特点),才会有成功的希望,千万不要赶时髦。

二是立志要专一。俗话说:"无志者常立志,有志者立长志。"父母要告诉孩子立志不在于多,而在于"恒"的道理。要防止孩子"常立志而事未成"的不好结果的产生。正如赫伯特所说:"人不论志气大小,只要尽力而为,矢志不渝,就一定能如愿以偿。"

建议2　重视孩子的行为习惯

一是要求孩子做事情要先思考后行动。比方出门旅行,要先决定目的地与路线;上台演讲,应先准备讲稿。父母要引导孩子在做事之前,经常问自己这样一些问题:"为什么做?希望什么结果?最好怎样做?"并要具体回答,写在纸上,使目的明确,言行、手段具体化。二是要求孩子做事情要有始有终。不焦躁,不虚浮,踏踏实实做每一件事,一次做不成的事情就一点一点分开做,积少成多,积沙成塔。

建议3　用榜样教育孩子

身教重于言教。首先父母要调适自己的心理,改掉浮躁的毛病,为孩子树立勤奋努力、脚踏实地工作的良好形象,以自己的言行去影响孩子。其次,鼓励孩子用榜样以及周围的一些同学的生动、形象的优良品质来对照检查自己,督促自己改掉浮躁的毛病,教育培养其勤奋不息,坚忍不拔的优良品质。

另外,在日常生活中,父母还应采取一些措施,有针对性地"磨练"

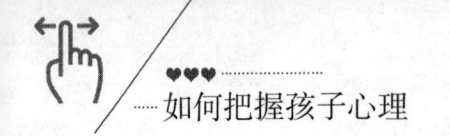

孩子的浮躁心理。如指导孩子练习书法、学习绘画、弹琴、下棋等,有助于培养孩子的耐心和韧性。此外,还要指导孩子学会调控自己的浮躁情绪。例如,做事时,孩子可用语言进行自我暗示,"不要急,急躁会把事情办坏","不要这山看着那山高,这样会一事无成","坚持就是胜利"。只要孩子坚持不断地进行心理上的练习,孩子浮躁的毛病就会慢慢改掉。

六、爱攀比、虚荣心强的孩子该怎么引导

12岁的小白长得很漂亮,弹得一手好钢琴,是个人见人爱的女孩。但是,她也是个十分"奢侈"的孩子,穿的不是"耐克"就是"阿迪达斯",总而言之,从头到脚都是名牌。有些时候父母给她买来不是名牌的衣服,不管多好看,她都一概不穿,还为此哭闹了很多次。

父母对她这点也十分头疼,实在不明白为什么孩子这么小就如此热衷于名牌,而小白的理由就是:"让我穿这些,我怎么出去见人啊?我的同学都穿名牌,我要是没有,人家会笑话我的。我不穿,要不我就不去上学。"

不仅如此,小白还"逼"着爸爸给她买手机和高档自行车,原因也是"同学都有"。

心理导读

其实,小白不是一个特例,这已经成了青春期孩子中的一个普遍现象。尤其的对于那些家庭经济优越的孩子,他们从小就穿名牌衣服、吃优

质食品、玩高档玩具，于是，进入青春期后，便学会了互相攀比。

可能很多父母都遇到过这样的问题：孩子小小年纪就虚荣心作祟，盲目攀比。虽然虚荣心是一种常见的心态，尤其是对于青春期的孩子，他们开始有了自己的独立意识，开始看重面子，渴望被关注，但虚荣心对孩子的成长具有很大的妨碍作用，最重要的是，孩子爱虚荣，有碍真正的进步，甚至会形成嫉妒成性、冷酷无情的性格。

有很多父母都这样抱怨过：

"我女儿最近总是说：'我想买台笔记本，我们班同学谁还用台式的啊！'"

"我儿子常常对我提出这样的要求：'我们班同学穿的篮球鞋不是阿迪达斯就是耐克的，就我还穿那种地摊货，太丢人了。我也要买双名牌。'"

"其实，我也知道，现在的孩子有攀比心理，但问题是我们家的经济条件真的不怎么好，我们满足不了他，每次孩子提出要求，我都很为难。请问，有什么方法可以既不伤害孩子的自尊，又能消除他的攀比心理？"

"现在的孩子怎么了，做父母的不容易啊，为他们提供这么好的学习环境，怎么还要求这要求那的呢？"

的确，很多父母产生了这样的疑问：该怎样正确引导孩子，让孩子把精力放在学习上呢？

其实，很多时候孩子的虚荣心，和家庭以及父母的教育有很大的关系。现在许多父母溺爱自己的孩子，认为只有一个孩子，又有经济承受能力，所以舍得买高档玩具、流行服装。有些父母不注意孩子的修养和教育，喜欢在吃穿打扮、玩具等方面与他人攀比，甚至给孩子大把零花钱以显示自己的富有和与众不同。他们总喜欢讲自己孩子的优点，甚至在亲朋之间也炫耀自己的孩子，亲朋为了礼貌也都讲孩子的优点，孩子在生活中一直听到的都是一片赞扬声，很少有人讲孩子的缺点。家长对孩子一味"吹高""捧高"，让孩子在一片赞扬声中长大，从不受任何挫折，这样也就慢慢形成孩子的虚荣心。

我们不能否定的是，攀比是很正常的心态，每个人都或多或少有攀比心，包括成人。有时候这种心态的存在可以促使人去努力、去奋斗，从一定意义上说，攀比心是促进人前进的动力，良性的攀比能使人奋发，但作为孩子，如果不经父母的帮助和指点，很容易盲目攀比而误入歧途。因此，父母要引导孩子，不要让孩子在物质上比，而是要比学习、比品德、比做人的本领、比对集体的奉献、比各自的理想、比自己的特长，在这样一种良性的竞争中，你的孩子才会健康成长！

专家建议

具体说来，你可以从以下几个方面来纠正孩子的虚荣心：

建议1　父母给孩子做好重精神修养的榜样

你应该从自身做起，不盲目追求名牌，不乱花钱，注重精神修养，给孩子树立一个好榜样。

建议2　帮助孩子认识真正意义上的美

你可以通过身边的事或者通过说故事、看电影等方式，让孩子明白，真正的美来自心灵，而不是外表。

建议3　少表扬

当他取得了很好的成绩时，尽量不要当着很多人的面夸奖他，这样容易让他养成虚荣心。

建议4　高要求

如果孩子很聪明，在做事情上表现得比同龄人优秀，那么，你就要交给她有一定难度的任务，使他感到自己能力不足，认识到自己还需要指导。

建议5　进行受挫折训练，教孩子学会调节情绪，经受失败的考验是很必要的

另外，最重要的一点，在家庭生活中，即使你的孩子是独生子女，也不要整天围着孩子转，否则，他会认为自己是家庭的"中心"，即使你所在的家庭经济条件很好，也不要放纵他的消费欲，而应该帮助他养成有计划、有目的的消费习惯。

七、叛逆期的孩子总是想学坏，怎么办

曾有个这样的新闻，某中学有个品学兼优的好学生离家出走了，他并没有什么不良记录，老师们还总把他当成骄傲，同学朋友更是以他为榜样，他还有一个弟弟，当听到哥哥好几天没回家后，才知道哥哥离家出走了，还带走了家里的一千元钱。

在找寻未果的情况下，他的父母不得不报警，半个月后，警察在邻城的一个网吧找到了他，当父母看到自己的儿子后，完全不敢相信自己的眼睛，以前那个很乖的儿子现在俨然是一个邋遢的社会小混混：一头红色的头发，一身嘻哈风格的衣服，好像很久没有洗澡的样子，警察劝他回家，他却说："我终于解脱了，做坏孩子比做好孩子轻松得多。"听到这些话，他的父母觉得很诧异，这是自己引以为傲的儿子吗？终于，在警察的引导下，他吞吞吐吐地道出了自己的苦楚："无论我考多么好，无论我怎么努力，你和爸爸总是板着个脸，我每天看书到深夜，你知道我有多么害怕，我害怕我下次考试要是考不好怎么办？我很无助，我甚至想去一个你们永远也找不到的地方，一个没有考试的地方。"

心理导读

其实，每个孩子都想成为同龄人中的佼佼者，成为爸妈、老师的骄傲，可事实上，不是每一个孩子都能做到，于是，他们感到自己被人忽视

如何把握孩子心理

了,干脆沉沦堕落;也有一些孩子,成绩优秀,但每一次优秀成绩的取得,都是经历了心灵的煎熬。正因为他们备受瞩目,所以他们很累,于是,想放纵的想法就在心里蠢蠢欲动,他们更羡慕那些不用考试、不用面对老师和家长严肃面孔的同学,很快,他们尝试着抛开一切,放纵自己。

我们还可以发现,在校园里,很多孩子尤其羡慕那些故意和老师作对、欺负低年级的孩子的同学,他们认为,这样的同学更容易得到周围人的尊重和认可,因此,这种行为就会被争相效仿。然而,如果父母不对孩子的行为加以引导和控制,势必会对孩子的成长造成恶劣影响。

步入青春期的孩子,精力充沛,思维敏捷,记忆力强,情感丰富,但由于青少年时期是身心健康趋于定型的时期,是走向成年的过渡阶段,亦是性意识萌发和发展的时期,他们的心理发展和生理发育往往不同步,具有半成熟、半幼稚、叛逆等特点。因而,在他们心理素质发展的关键阶段,应当引起父母者的重视,对不良行为的孩子既不能生硬批评,引发他们的叛逆情绪,也不能任其发展,让他们误入歧途。

专家建议

建议1　孩子做了坏事,绝不能打骂

孩子做了些"坏事",并不代表孩子就是真的"坏孩子",更不能给孩子贴标签,但是绝不能放任不管。

为此,我们在确信自己的孩子做了一些"坏事"之后,首先要帮助孩子将事情的影响化到最小。有的家长认为只有"打"才是改正"偷窃"行为的最好方法。其实错了,打得厉害、疏远了父母与孩子之间的感情,他会感到更孤独,得不到家庭的温暖,甚至不敢回家,流浪在外,与社会上的浪子交往,被他们所利用,最后走入歧途,甚至会触犯法律受到制裁。

建议2　细心观察,防患于未然

日常生活中,我们一定要随时观察孩子的思想动向,如果孩子的零花钱突然多了,孩子的脸上出现了一些淤伤等,一定要引起重视,因为这意

味着你的孩子可能打架或者偷东西了。然后,我们要仔细排查可能出现的情况,不管运用什么方法,其目的只有一个:动之以情,使他自己露出破绽,承认错误,但不能伤害他们的自尊心,如果事态的发展允许对他们的错误行为进行保密,那么,一定要坚守诺言。否则就失去了再一次教育他们的机会,他们再也不会相信你。

建议3 培养孩子的是非观,让孩子知道什么是对错

虽然青春期的孩子已经有了是非观念,但极其容易受到影响甚至改变,因此,作为父母,我们一定要经常对孩子进行一些是非观念的培养。必须让孩子了解这种行为是家长不允许的,也不容许同样的事再次发生。对这类孩子进行矫治,必须先从帮助他们形成正确的是非观念,增强是非感开始。要做到这一点,必须从他们现有的实际认识水平出发,逐步提高,通过反复教育,培养孩子的是非观。

总之,叛逆的青春期孩子,可能经常会出现想做"坏孩子"的冲动,或者做了某些"坏事",对此家长切不可急躁,既要批评,又要耐心说服,使孩子受到震动,感到内疚,才会自觉改正!

第十一章

给孩子最公平的评价：别让偏见和不尊重毁了孩子

　　作为父母，我们都希望和孩子之间建立和谐、融洽的关系，然而，在家庭教育中，一些父母对孩子心存偏见和对孩子的不尊重，甚至把孩子当成自己的附属品，导致了亲子关系的紧张。事实上，随着孩子的成长，他们更渴望独立和别人的尊重，他们对父母的依赖减少，独立意识逐渐增强，成人化倾向明显，希望别人尊重他们的自主性、独立性。可见，父母要明白的是，人类最不能伤害的就是自尊。在家庭中建立亲情乐园，要从尊重孩子开始，让孩子有一种被保护的感觉，被幸福感包围的孩子，才会长成一个心理健康、懂得尊重的好孩子！

如何把握孩子心理

一、偏见会引发亲子关系的紧张

牛牛是一名五年级学生，学习成绩一直不好，他的爸爸妈妈也曾为他找过补习老师，但还是没什么成效，后来，他们也就放弃了。牛牛一直有个爱好，那就是观察小动物，他最喜欢的就是猫，一有时间，他就拿手机拍很多猫的照片，还上网查了关于很多猫的资料。

一次，在全市的作文竞赛上，牛牛凭借自己的一篇关于猫的作文获得了一等奖，在颁奖大会上，牛牛的爸爸被请到了现场，当牛牛捧着奖杯回到观众席上的时候，他原以为爸爸会夸赞自己一番，没想到他的爸爸却说："高兴什么？你以为我不知道你是抄袭的？"牛牛的心凉了半截。

从那以后，牛牛唯一的乐趣——观察猫都没有了，而且，他不大愿意和爸爸说话，一看到爸爸就躲得远远的。

心理导读

为什么会这样呢？究其原因是因为牛牛的爸爸心存偏见，认为孩子成绩不好。实际上，在家庭教育中，许多父母在看待孩子这一问题上，都会犯错误。在父母眼里，孩子有改不完的错，而看不到孩子身上的点滴进步。这种心理往往造成父母评价孩子时过于消极，从而造成亲子关系的紧张，让孩子产生逆反心理。

专家建议

那么，在教育孩子中，我们怎样才能避免对孩子心存偏见呢？

☆ 第十二章
给孩子最公平的评价：别让偏见和不尊重毁了孩子

建议1　要用发展的眼光看待孩子

古语云："士别三日，刮目相看。"历史经验值得记取。任何人、任何事都不是一成不变的，我们的孩子也是在不断进步的。而同时，孩子对于父母的态度是很在意的，假如你的孩子进步了，你一定要赞扬他，而不是用老眼光来看待他。

玲玲和洋洋是很好的朋友。这天，洋洋来玲玲家玩，玲玲妈妈就留洋洋在她家吃饭，吃饭期间，自然提到了学习成绩问题。洋洋说自己这次考试又是满分。

一听到洋洋这么说，玲玲妈妈就开始数落玲玲了："你就不能和洋洋学学？你的成绩总是那么糟！上次月考竟然有一门不及格，去年还是倒数第十名，像你这样上课注意力不集中，不专心听讲，又不求上进的人，怎么能取得好成绩？回房间好好想想去，我不想看到你这个样子。"

虽然不是第一次遭妈妈训斥，可玲玲觉得好没面子，只好自己回了房间。

其实，我们的生活中，很多孩子都有过玲玲这样的待遇。一些父母，根本看不到孩子的进步，总是说孩子的缺点，并且，还当着其他人的面，这让孩子的自尊心受到严重的伤害。

而明智的父母则不是如此，他们会看到孩子身上的点滴进步，在孩子有任何一点进步时，他们都会夸奖孩子，让孩子感受到父母对自己的爱和关注。

每一个父母在教育孩子时，都要让孩子明白一点，无论成绩如何，只要努力了，就是好孩子。

事实上，孩子对于自己的进步是非常敏感的，但孩子最希望的是得到父母的认同，如果父母总是刻板地看待孩子，那么时间一长，得不到认同的孩子便不愿意向你敞开心扉了。如果父母能够及时发现孩子的进步并进

如何把握孩子心理

行表扬，孩子的心灵就会得到阳光的沐浴，进而敞开心灵，把父母当成最好的朋友。而融洽的亲子关系是家庭教育最基础的保证。

建议2　要全面看待孩子

有时候，对孩子产生刻板印象，是因为我们只看到了孩子的某个方面或者某些方面，而没有全方位地了解孩子。你的孩子或许学习成绩不好，但他的人缘却很好，别人总是愿意和他交朋友，对于这点，你夸赞过他吗？

建议3　要客观地看待孩子所做的事

无论你的孩子做了什么，你都要从事情本身评价，这样，才能避免因刻板印象而误解孩子。

总之，家庭教育中，我们要看到孩子点滴的进步，要学会从多方面看待孩子，只有这样，才能对孩子产生认同感，才能加深亲子间的关系，有利于家庭教育的顺利进行。

二、别用分数来衡量你的孩子

"女儿刚上小学，一年级第一学期期中考试，考了个双百，全家人很开心，女儿更是兴奋不已，第一学期期末考试又是双百，自然又是一番庆祝，但是，我感觉这样下去，不一定是好事。一年级下学期，平时测验试卷拿回家的时候，只要是满分，女儿总是神采飞扬的，只要不是满分，女儿就像犯了很大错误似的，头低得很，甚至不敢和我们交流，我逐渐意识到这里的问题了。我告诉女儿，不要在意这些分数，无论是平时的测验，还是期中期末的考试，只是对你这一段时间的学习进行检查，看看哪些知

第十二章
给孩子最公平的评价：别让偏见和不尊重毁了孩子

识真正掌握了，哪些知识还没有吃透，然后再将没有吃透的部分进行复习，争取掌握就行了，考满分固然欢喜，考两个零分回来，我们也不会批评你的，不要有太多的想法和压力了，快乐学习最重要。即使是零分，我们只需要知道为什么，然后去总结，继续进步，就行了，你还是最棒的！进行了一系列的开导，女儿终于学会轻松学习，轻松地考试了。"

心理导读

这位家长的做法是正确的，只有不带功利性的学习，孩子才能轻松，他的潜能也才能得到发挥。

作为父母，引导与帮助孩子提高学习成绩，本来是无可厚非的，但不可过分看重分数，要重视孩子的素质教育，以利于孩子全面成长。父母应通过对孩子的教育，发掘孩子所蕴藏的潜能。因此，父母不要为了追求短期的效应，让孩子有压力，那样，总有一天孩子会被压垮的。不要让分数成为孩子的枷锁，让孩子快乐学习和成长，才是做父母应该做的！

心理导读

建议1　父母不要只关注孩子的名次

当我们把沉重的分数、名次强加在孩子身上时，实际上是剥夺了他对丰富多彩的生命的体验，剥夺了他的快乐和健康。我们这是在爱他还是在害他？

好学的孩子、终身学习的孩子会越学越有劲头；为考试、为名次学习的孩子，学到一定时候就会厌倦学习、痛恨学习。这是教育成功与否的分水岭。只要孩子肯钻研、爱学习，不管成绩怎样，都是值得赞赏的。相反，孩子一心就想得高分、获好名次，那才是值得警惕的。

建议2　不盯分数，看学习效果

作为父母，在督促孩子学习的时候，不要只盯着孩子的考试分数，更应该看孩子实际的学习效果。不能仅以分数作为评价孩子学业水平的唯一标准，要以一种平和的心态对待孩子的考试分数，孩子考好了，不妨进行精神鼓励；如果孩子考试成绩不理想，要帮助孩子认真分析，找出失误的原因，并鼓励孩子继续努力，这样孩子才会情绪稳定，自信心增强，身心各方面才会健康发展。

建议3　引导孩子全面发展

一个只专注于某一方面特长或者某一爱好的孩子，一般在此方面投入的精力更多，期望也就越多，但"人外有人，山外有山"，即使他们这次成功了，但并不一定代表他们永远成功。而如果我们能培养孩子多方面的能力、兴趣、爱好等，那么，孩子在拓展视野的同时，也会学习到各种抗挫折的能力、知识、经验等，具有较完善的人格，这对于提高孩子的自理能力、交往能力、学习能力和应变能力都有很大的帮助，也有助于他们独自战胜困难提供勇气和方法。

建议4　承认孩子存在差异

孩子在学习能力和方法以及智力上都是有差异的。其实，很多孩子明白学习的重要性和竞争的压力。但每个孩子由于智力的因素和非智力的因素，学习成绩总会有差异。父母要做的是认真了解情况，听听孩子的解释，不能武断地得出孩子学习不努力、不用功的结论。要以尊重平等的态度和孩子一起分析、解决学习中遇到的问题，帮助孩子掌握适合的、有效的学习方法，制订适当的目标。

建议5　孩子成绩不好时给予宽容和鼓励

父母永远是孩子受伤时停靠的心灵港湾，孩子考试失利时，他已经非常难过了。这时候，父母更不要刺激孩子，而要拿出自己的宽容和安慰，一定不要在孩子的伤口上再撒上一把盐。同时也要对孩子说"下次努力"，使孩子把目光转向下一次机会。

总之，作为家长，我们要让孩子明白，积极参与竞争是对的，但是不应该把"第一"当成竞争的唯一目的，而更应该在参与过程中培养的良好品质，如遇事冷静、沉着、性格开朗等。这些个性品质比"第一"重要得多。

三、给孩子一定的自由，不要过度干涉

曾经在美国的一家大公司的集体办公室内，有一个漂亮的鱼缸，浴缸里有十几条名贵的金鱼，凡是进进出出的人都会被这十几条美丽的鱼吸引住。

这些鱼来这家公司的两年时间内，它们一直保持在三寸的长度，它们也过得自得其乐。可是她们的命运在一次偶然的事件中改变了。

有一天，董事长调皮的儿子来找父亲，结果一不小心将鱼缸打碎了，可怜的小鱼没有了安身之地，大家都急忙为小鱼寻找各种容器。最终，一个聪明的职员发现院子内的喷水池很适合养鱼，于是，人们把那十几条鱼放了进去。

两个月后，董事长吩咐工作人员买来一个新的鱼缸，人们纷纷跑到喷水池那里去"迎接"小鱼回家，十几条鱼都被捞起来了，但令大家非常惊讶的是，仅仅两个月的时间，那些鱼竟然都由三寸来长疯长到了一尺！

心理导读

到底是什么原因让这些小鱼在两个月内长这么多？原因有很多，可能是喷水泉的水更适合鱼儿生长，也有可能是水中含有某种矿物质，也有可能是鱼儿吃了某种特殊的食物，但无论如何，我们不能否定的一个重要的因素是，喷水泉要比鱼缸大得多！

其实，对于孩子的教育，何尝不也是这样呢？鱼儿需要广阔的空间生长，孩子也需要自由的空间。当你的孩子慢慢长大，你就应该学会慢慢放手，如果你还有想要为孩子安排一切的冲动，那么，你必须克制住自己。

如何把握孩子心理

每个青春期的孩子最渴望的就是希望得到父母的理解，于是，我们发现，很多青春期孩子举着"理解万岁"的大旗高呼"父母不理解我"。

专家建议

的确，父母应该作为孩子成长路上的引导者，而不是强制者，让孩子自由成长，能让孩子感到来自父母的尊重和爱，那么，他们也会更加爱你。

那么，怎样才能给孩子提供一个足够自由的空间呢？

建议1　尊重孩子的需要，让孩子自由探索

孩子的世界和成人的世界是不同的，对于他们成长道路上看到的很多事物，他们都会感到新奇，都有想探索的欲望，这也是孩子在成长过程中的一种本能的需要，对此，我们应该尊重。让孩子自由探索，这样，他才有更多的生活的体验，才能成长得更快。而假如我们剥夺了孩子的这种权利，那么，他们就体验不到这种乐趣，也会变得越来越没有自信。

建议2　不要过度保护孩子

孩子的成长过程虽然是充满荆棘的，但也是充满乐趣的。他们会摔跤，但作为父母，我们不能扶着孩子走，因此，如果你的孩子想尝试，那么，你应该鼓励孩子，让孩子有尝试的勇气，而不是说："算了，多危险，不要做了。""小心点，你会伤害自己的！""你不能做这个，太危险了！"这样，孩子即使想尝试，也会被你的提醒吓退的。

建议3　尊重孩子的天性，让孩子决定自己的未来

所有的父母都希望孩子长大后能有出息，但并不是所有的父母都能做到不干涉孩子选择人生，他们在为孩子设计未来时，多半不会考虑到孩子的天性、优点等，而是按照自己的意愿。这样的教育模式下培养出来的孩子是很难有突出的个性品质的，也多半是不快乐的。

总之，孩子的成长需要自由的空间，青春期的孩子更渴望自由，因此，要想使孩子平安、快乐地度过青春期，父母就需要给孩子提供足够的自由空间，而不要限制孩子的自由。

四、放下架子，用示弱法认可和承认你的孩子

老张的儿子今年上小学三年级，但小家伙好像对学习一点也不感兴趣。每天放学后，他不是玩游戏就是看电视，老张妻子开始着急了，孩子要是再这样下去，别说考大学，连掌握基本的科学文化知识都会成问题。为此，老张决定和儿子好好谈谈。

这天晚饭后，老张故意拿出一张公司的报表，在那儿算来算去，并不断地摇头。儿子看见了，很不解地问："爸爸，你怎么了？"

"哎，这些密密麻麻的数字，把我搞糊涂了，现在真是老了啊，这点事情都做不好。看样子是要下岗了啊。"

这时，儿子很急切地问老张："爸爸，你不是说你小时候学习挺棒的吗？"

"是呀，爸爸小时候学习很棒，现在我估计连你三年级学的数学公式都想不起来了，我会做的题目还不如你多呢，你说我不下岗谁下岗呀？你帮爸爸想想办法吧！"

儿子听了以后，思考了一下，说："那就这样，每天晚上我给你补课吧，反正三年级的内容我正在学。"

这天晚上，等儿子做完作业后，老张便坐在了儿子旁边。

小家伙拿出他的笔记本认真地给老张讲课。为了更顺利地教爸爸，他在讲解之前都认真地复习了一遍，他的这股认真劲儿让老张很高兴。

就这样，老张的示弱的方法收到了成效，这段时间，儿子的学习成绩也有很明显的改善。他喜欢上了学习。

如何把握孩子心理

心理导读

这则故事中的爸爸老张是聪明的,他正是利用示弱的方法向孩子求教,让孩子有了一种成就感,进而激发了孩子学习的兴趣。

在中国的家庭模式中,家长似乎都是高高在上的,似乎都是正确的,是无所不知的,而孩子则是无知的、幼稚的,所以父母人们都认为孩子必须听父母的话,只有在孩子心中树立威严,才能让孩子接受自己的教育方式。而实际上,今天的孩子们越来越要求和家长平等对话。并且,孩子接受新知识的速度之快完全在成人之上,某些领域他们比成人了解得更全面。向你的孩子请教,适当示弱,更能拉近你与孩子的心理距离,增进与孩子之间的交流。

专家建议

如果家长能摒弃孩子总是无知和幼稚的偏见,真心地请教你的孩子,那么,孩子一定能感受到来自你的尊重,进而愿意和你做朋友。

具体来说,家长在向孩子请教的过程中,需要注意两点:

建议1 尊重孩子的智力和能力,要有耐心

在和孩子一起学习的过程中,对于孩子遇到的问题,你不必马上给出答案,而应该和孩子一起钻研,与孩子共同解决问题。当孩子面对思考问题上的不足时,不必急于指正,这时我们可以坦率地承认自己也犯过类似错误,然后巧妙地指出孩子的错误,这对培养孩子的自信心有极大的帮助。

建议2 让孩子自己思考

孩子在学习的过程中,必然会遇到一些问题,如果我们处处为孩子指导,他就会形成依赖性,不会主动去思考而等待你的帮助。因此,要想让孩子养成动脑的习惯,遇到问题时我们不妨示弱,让孩子自己去分析,在此基础上再教给孩子分析问题的方法、考虑问题的思路。经过长期的训

练，孩子遇到问题后自然就知道该如何思考了。

总之，在家庭教育中，如果我们也能放下家长的架子，向孩子示弱，那么，你的孩子你不仅会把你当父母，还会把你当朋友，因为他感受到了自信心、成就感和一种平等感。的确，在孩子心目中，大人几乎是无所不能的，如果他连大人提出的问题都解答了，他自然会有成人感。

五、别让溺爱毁了孩子

在一座小城市，有一对年过三十的中年夫妇，他们中年得子，这对于二人来说，可谓是喜从天降，于是对儿子是百般疼爱，从来都是什么都依着儿子，他要什么就给什么。儿子是个较内向的男孩，平时不爱和人交往，学习成绩也平平。

儿子高中毕业以后，没有考上大学，父母就求人给他安排在一所贵族学校去读书，从来没有离开过身边的儿子是他们时刻的牵挂，夫妻俩每个星期都要到儿子的学校去看他，生怕他有什么不适应。

大学毕业后，父母并不鼓励儿子出去找工作，而是劝他不要担心，因为有文凭，可以再等等，以后找个好工作。他们怕孩子在家无聊，就专门买了电脑，就这样，又过了几年，父亲也开始担心了。他给儿子找了几份工作，可是孩子都以不适应为借口辞掉了。后来，父亲得了抑郁症，可令很多医生护士惊奇的是，这个孩子从来没有到医院看过自己的老父亲。

自从有了电脑以后，儿子就生活在了那个虚拟的世界里，再也不出来了。每天，从入夜开始，儿子就开始在网上泡着，第二天早上才开始睡觉。他在网上做些什么，做父母的一点也不知道，因为儿子的房间从来不

如何把握孩子心理

要他们夫妇进去。平时两代人之间基本上不交流，儿子也从不跟父母一起上街，他需要什么，也不跟父母说，只是写在一张小纸条上，让父母给他带回来。有一次，儿子要母亲给他带东西，母亲忘了，儿子于是大发脾气，把家里的电视机都砸坏了。

或许是因为对儿子失望，也许是一时的想不开，年迈的父亲在出院回家那天早上用榔头猛击熟睡中的儿子的头部，导致儿子昏迷数日。儿子躺在医院，父亲精神恍惚，剩下一个老母亲，守着一个破碎的家庭伤心。

心理导读

从这个故事中，我们可以发现，不幸的发生与父母对孩子的溺爱有着直接的关系。这种惨剧的发生，生活中也并不少见，这样的孩子，如此自闭、冷漠、寡情，几乎等于一个废人，更谈不上成功了。

生活中，我们常听到一个词语——"严父慈母"，但同样还有一句话"慈母多败儿"。所谓慈母，指的就是一种过分的母爱，也就是溺爱。溺爱对孩子的危害是明显的。我们不难发现，社会上还有一些富家子弟，他们受到了溺爱的毒害，造成他们任性固执、追求享受、独立性差、意志薄弱、责任感淡漠等。因此，任何一位家长都应该明白，溺爱孩子其实就是害孩子。

然而，生活中，随着物质生活水平的提高，很多家庭都是独生子女，孩子成了家中的小公主、小皇帝，他们要什么有什么，父母对他们呵护有加，爱护过度成了家庭教育的主流，这就是溺爱型教育。这样，只会让孩子养成依赖性和惰性，缺乏毅力和恒心，缺乏奋斗精神，将来也无法立足于社会。

专家建议

家长溺爱孩子，这只会让孩子变成自己的悲哀，一般来说，他们溺爱孩子，有以下几个典型的表现：

建议1　让孩子享有特殊待遇

这是中国长期的"独苗苗重要"的思想带来的,孩子在家中地位高人一等,处处特殊照顾,如吃"独食",好食物他可以独自享用;爷爷奶奶可以不过生日,他却需要定蛋糕、送礼物、办聚会……这样的孩子自感特殊,习惯于高人一等,必然变得自私,没有同情心,不会关心他人。

建议2　孩子的要求能轻易满足,有求必应

有的父母对孩子的要求总是无原则地满足,无论孩子要什么都给,有的父母甚至不顾给自己造成沉重的经济负担,满足孩子过分的需求,这种孩子必然养成不懂珍惜、讲究物质享受、浪费金钱和不体贴他人的坏性格,而且毫无忍耐的品质和吃苦的精神。

建议3　不给孩子独立的机会

作为男孩,应该具有强烈的独立精神。可是有的父母为了绝对安全,不让儿子走出家门,也不让孩子和同龄人走在一起,生怕有什么危险,到了一定的年龄还接送上学,甚至是父母或老人时刻不离开一步,搂抱着睡,偎依着坐,驮在背上走。这样的男孩会变得胆小无能,丧失自信,欺软怕硬,在家里横行霸道,到外面胆小如鼠,造成严重性格缺陷。

建议4　家长意见不合时,总有人当面袒护

有时爸爸管教孩子,妈妈护着;有的父母管教孩子,奶奶爷爷会站出来说话。这样的男孩全无是非观念,而且时时有"保护伞"和"避难所",其后果是孩子性格扭曲,有时还会造成家庭不和睦。

总之,任何父母都是爱孩子的,都希望孩子健康、快乐成长。但我们要明白,什么是真正的爱,爱孩子就不能给孩子过于优越的生活环境,就不能溺爱孩子,让他吃点苦,才能让他明白什么是真正的生活,才能让他成长为一个健康、健全的人!

六、别小看孩子，让孩子在实践中成长

小仙的爸妈都是生意人，平时没什么时间带孩子，一直交给保姆管，周日的中午，爸爸妈妈有事，保姆也回老家了，就把小仙送到奶奶家。小仙告诉奶奶自己想吃酸菜鱼，奶奶就去市场里买回鱼给宝贝孙子吃，小仙在沙发上坐着看电视。奶奶在厨房里忙碌着，忽然发现家里米醋没有了，可是火还开着，自己走不开。于是，奶奶让孙子去楼底下买瓶米醋。喊了好几次，小仙都装作没听到，照样津津有味地看电视。

奶奶有些生气了，但还是喊着小仙，没想到，小仙一气之下把遥控器摔在地上，"不去，不去，你自己不会买吗？我不去，你烦死了，我要回家，我们家保姆做饭从来不会忘记买什么。我再也不来你们家了。"奶奶无奈，只好关了火，自己下楼去买。奶奶边走边想："这个孩子怎么这样懒啊？"小仙也在心里嘀咕着："奶奶真烦人，最后还不是自己下去买了？哼，奶奶总是这样，让我干这干那，烦死了！在自己家里，爸爸妈妈从来不会让我做家务，他们都是告诉我学习好就行了，其他什么都不用管。奶奶既麻烦又啰唆，以后再也不来奶奶家了。"

心理导读

小仙的心理是有些孩子存在的一种现象。他们的思想处于认知阶段，而这段时间，孩子应该形成事事自己动手的习惯，而父母从小对孩子过分关怀和事事都包办代替的行为，导致孩子的动手能力差，习惯于坐享其成，不愿意付出一点点劳动和努力。父母总是担心孩子做家务活和体力劳动会影响学习或累坏，很多孩子因此没有从事体力劳动的机会，慢慢变得

好逸恶劳，好吃懒做。

事实上，如果孩子已经具备一定的能力独立完成一件事，你就不要为他太过担忧了，这是他成功的开始，你要懂得为孩子营造自由发展的空间，让孩子学会独立生存。

专家建议

作为父母，如果你是个事事为孩子包办的家长，那么，你必须做出一些改变：

建议1　把命令改为商量

在很多问题上，父母不要太过武断，也不要替孩子做决策，而应该先问询孩子的意见："你是怎么认为的呢？你打算如何处理呢？你打算什么时候开始做呢？"这就表示了我们对孩子的尊重，在了解了孩子的想法后，如果有些部分不正确，那么，我们再以研究和探讨的语气与之商量："我能理解你的想法，但我们还要考虑这件事的可行性，不是吗……你认为妈妈的意见对吗？"

孩子是聪明的，有判断力的。如果你的话有道理，孩子也是会采纳你的建议的。同时，交流越来越多，亲子关系更好。

周末，孩子完成作业以后，如果他说想出去和朋友玩，那么，你最好不要阻止他，而应该和他订立"条约"，比如，去哪里玩耍和父母说一声，晚上八点钟之前必须回来等。如果孩子要求在朋友家住，你要告诉孩子不行：如果晚了，爸爸妈妈可以去接你，那样爸爸妈妈不会担心。这样做，能让孩子感受到你是支持他并且关心他的，孩子既获得了快乐，又不会放纵自己。给孩子一个空间，让他自己去体验，去成长。家长永远是孩子的后盾，是支持者和帮助者，才不会让孩子离自己越来越远，才会让孩子幸福快乐地成长。

以商量的方式去解决问题，即使商量失败，但感情氛围会增强，有利于以后问题的沟通。家长经常的错误是，当前题没解决，还破坏了感情气氛，阻断了感情沟通，失去今后问题解决的机会。

建议2　不妨让孩子吃点"苦头"

成长阶段的孩子总是会犯错的，对此，家长不必恐慌，要允许孩子犯一点错、吃点亏，不要过分束缚孩子的手脚。

举个很简单的例子，如果你的儿子"要风度不要温度"，寒冬腊月坚决不穿毛衣，如果商谈没成功，不用着急，让他挨冻一次没关系，真感冒了，他会明白你的意图，至少以后会考虑你的意见。

我们都爱孩子，但我们不要过于心疼孩子而不让孩子去独立做事，而是一定要给孩子机会去尝试各种事物，累的、苦的都要经历，让孩子在成长过程中锻炼自己，这样他们才能早点形成独立生存的能力，这对孩子的未来受益无穷！

七、缺乏沟通，是一切教育问题的根源

陈先生几年前和妻子离婚后，独自带着孩子。一次，他在自己的一篇日记中写了和儿子沟通的过程：

今天我又和儿子谈了很多，自从儿子青春期后，我深感和孩子沟通的困难，他似乎总是对我存在偏见。但经过这些天的沟通，他似乎理解我了，我也更明白了，和孩子沟通真的需要寻找好的时机。以前，我和儿子聊天，儿子总是一副不耐烦的样子，我还感叹和他的沟通怎么这么难。现在才明白，原来是我选的时机不对。就像这一次，一开始，我是在客厅和他谈的，他正在看电视，就不可能太注意我的谈话，能搭几句就不错了。等到我们一起包饺子的时候，很安静，也没有别的事打扰，儿子就和我聊

第十二章
给孩子最公平的评价：别让偏见和不尊重毁了孩子

了很多，这是以前无法相比的。

而儿子的有些事也是我从来不知道的，包括以前老师对他做的一些事。还有，他告诉我，他要是考不上很好的大学，就出去干点什么，这是他从来没告诉我的，也是他对自己的将来做的打算。我就非常认真地告诉他，我会完全支持他做的决定。不过，现代社会，只要知识才是永恒的竞争力，书是要读的。他好像听懂了，连连点头。

和儿子聊了很多很多，我对儿子有了更深的了解。我也更有信心，儿子是非常优秀的，在许多事上虽然想的不全面，却有自己的见解。我知道，只要我坚持和孩子沟通，我和儿子之间的关系会越来越好，孩子的身心也会健康成长。

心理导读

现代家庭，代际沟通似乎越来越困难，很多父母感叹："现在的孩子真是很不像话，小学时候还好，大了之后，自己的主意一下子多了起来，好好地同他讲道理，他却不以为然，道理比你还多，有时还把父母的话看成是没有意义的唠叨，总之一个字——烦！他嫌我们烦，我们因他的烦而烦，一天话也说不上几句了。"

问题在哪里？是孩子的问题，还是父母的问题，还是沟通方法的问题？也许孩子不是一点问题没有，但更多的问题可能出在父母身上。作为父母，你是否曾愿意与孩子倾心长谈一次呢？在孩子小的时候，你一般会用故事、音乐、聊天来哄儿子入睡，等他长大了，你是否还愿意抽出时间与孩子交流呢？如果在孩子入睡前我们能一起坐下来清理一天的"垃圾"，不让忧愁过夜，这是不是一种积极的生活态度呢？有一位教育家说过："父母教育孩子的最基本的形式，就是与孩子谈话。我深信世界上好的教育，是在和父母的谈话中不知不觉地获得的。"如何做有效的沟通，是我们需要学习与探讨的。

如何把握孩子心理

专家建议

建议1　找对谈话的时机

选择好的时机进行谈话是非常重要的,否则谈话达不到预期的目的

一般情况下,解决问题越快越好,如果事情拖延下去,问题就会沉淀。

另外,从时间上来说,如果你需要和孩子交流一个严肃的话题,不要选择孩子放学回家刚放下书包的那段时间,因为一天的疲劳使人难以集中注意力,也不好控制自己的情绪。生理规律告诉我们,下午5~7点是生理活动最低点,迫切需要补充营养,恢复体力。而晚饭过后,心情逐渐开朗,这是与儿女分享家庭幸福,进行沟通的比较好的时机。

从心理需求上来说,在孩子心理上最需要帮助和鼓励的时候是恰当的时机,在此时谈话和沟通效果会好得多。

建议2　选择一个合适的沟通场所

有些父母认为,和孩子说话,当然是选择家里了,其实也不一定,如果家中无外人则可,但如若有外人在场,则应考虑孩子的自尊心和感受。

那么,什么场合适于和孩子的谈话呢?当然,这也视具体情况而定,如果你是要鼓励和赞扬孩子,可以选择人多的场合,让大家都看到孩子的成绩,如果你的孩子容易骄傲的话,则应排除在外;如果涉及隐私问题,或者指出孩子的失误、缺点,则应该选择没有别人在的场所。因为在无第三者的环境中更容易减少或打消其惶恐心理或戒备心理,从而有利于谈话的进行。这样还可以避免当众伤害孩子的自尊心,利于孩子说出心里话,加强你和孩子之间的沟通。

另外,如果你需要和孩子静心交流、和孩子谈心的话,则应该选择一个平和安静、风景美丽的地方,因为这样的地方,可以让彼此心平气和,情绪稳定,心情舒畅,易于接受对方的意见。比如利用周末或假期,带孩子到公园或风景游览区,一边游玩,一边说说悄悄话,这样的沟通和交流

一定会起到很好的效果。

建议3　每次只谈一个话题

有些父母认为，和孩子说话，机会难得，一定要多沟通。孩子虽然已经有了自我意识，但他们毕竟还是孩子，在同一时间内未必能接受父母的很多观点。另外，与孩子谈的太多，也容易引起他们的反感。

总之，父母和孩子沟通，一定要选择恰当的谈话时机和环境，这有助于给沟通创造一个良好的谈话氛围，心平气和地解决教育问题，同时，父母还应记住，即使再忙，每天都该抽出一点时间来和子女进行沟通！

第十三章

全面培养孩子的能力：别让孩子成为只会学习的"书呆子"

　　当今社会，任何一个孩子进步，要想超凡脱俗，想要紧跟时代的步伐，就必须要努力学习。然而，如果孩子只是一个只知死读书的"书呆子"，那是无法适应未来社会的竞争的，父母必须要把孩子培养成灵活多变、全方位的人才，为此，父母要因势利导，激发孩子学习的兴趣，挖掘孩子的潜能，弥补其短处，据此来培育孩子出众的学习能力，把孩子培养成一个富有智慧的人，让其受益一生！

如何把握孩子心理

一、注重对孩子动手能力的培养

幼儿园开家长会,老师特意向孩子的父母布置了一项家庭作业——教孩子剥鸡蛋皮。一位妈妈在下面小声地说:"这多为难孩子啊,我家女儿还不知道鸡蛋长什么样呢!"老师觉得很奇怪,孩子都这么大了,怎么会不知道鸡蛋什么样子呢。那位妈妈继续说:"我总怕煮鸡蛋的蛋黄会噎着她,到现在还一直只给她吃鸡蛋清。"在场的老师和父母们都惊呆了。

心理导读

这位妈妈真的很爱自己的女儿,在日常的生活中大包大揽,什么事都替孩子做好,孩子上幼儿园了连鸡蛋的样子都没见过。这样的爱摧毁了孩子的动手能力,最终将会导致孩子一事无成。

人类社会发展到今天,是否拥有动手能力和创新精神已成为一种判定人才的标准,这更是一种时代精神,作为新时代接班人的孩子们,应该奋斗进取、锐意改革,而不劳而获、坐享其成则被人所不齿。而作为家长,应该从小培养男孩的自理能力,让他们去经历成功和失败,将来他们才能独立地创造自己的明天!

专家建议

科学研究证明:手的活动与精细的动作可以刺激大脑皮层的运动中枢,同时运动中枢又能调节手指的活动,神经中枢和手指反复地互相作用能:促进大脑的发育及其功能的完善。苏联著名教育家苏霍姆林斯基也说

过："儿童的智慧在它的手指尖上。"心理学家也一致认为手指是"智慧的前哨"，这说明动作的发展多么重要。动手能力是一种最基本的而又十分重要的学习能力，父母在教育孩子，开发孩子智慧的时候，不妨从培养他的动手能力开始。

这个其实并不难，家长不要事事代劳，鼓励孩子自己动手，生活中提高孩子动手能力的方法有很多种：

建议1　父母要告之孩子"自己动手，丰衣足食"的道理

工夫不负有心人，成功的桂冠只属于那些锲而不舍、坚持不懈的人。一分耕耘才有一分收获，成功之花要靠辛勤的汗水来浇灌。从古至今，每个成功人士的背后都历经沧桑，但他们面对困难都是迎难而上、锲而不舍，为了理想奋发进取，最终取得了成功。

建议2　让孩子在日常生活中学会自理，自己的事情尽量自己完成

孩子学会走路之后，活动范围明显扩大了许多，这时的孩子非常愿意做些事情。但是他们手、脚的协调能力还不完善，做起事来常常"笨手笨脚"，家长千万别因嫌孩子麻烦或碍手碍脚而剥夺孩子学习劳动的机会，家长可以耐心地、反复给孩子做示范，让孩子跟着模仿，慢慢地就会从不熟练到熟练，最后运用自如了。可以教孩子自己逐渐学会系鞋带、脱衣服、放被褥、收拾自己的房间，洗一些简单的东西，等等。

建议3　鼓励孩子力所能及地帮助别人

家庭生活是一种集体生活，也可以看做社会的缩影，家长要引导孩子多为父母做些事情，可以是一些很小的事情，如扫地、擦桌子、洗碗筷、等等，从小培养孩子为他人着想的意识。

建议4　对于一些年龄较小的孩子，可以培养他们对于益智游戏的兴趣

在人的智能结构中，幼儿的许多知识技能都是在操作活动中学会的，其思维也是在操作活动中逐渐发展的。因此，为孩子提供各种的动手操作的机会，既满足了他们的动手兴趣，又为幼展，幼儿又非常感兴趣的形式就是游戏。游戏是幼儿运用智慧的活动，在游戏中孩子的感知觉、注意、

记忆、思维、想象都在积极活动着，孩子不断地解决游戏中面临的各种问题：这使孩子的思维活跃起来，有利的促进孩子的的注意力记忆力、思维力、想象力的发展，同时也促进孩子动手能力的发展。

建议5 父母要善于称赞孩子

当孩子努力去做了或做得很好时，家长要立即予以称赞和鼓励，以调动孩子的积极性，增强孩子的自尊心和自信心。这种称赞尽量不要以实物的形式，比如给孩子买玩具，买好吃的东西等，因为这样容易刺激孩子的虚荣心，时间久了，反而会阻碍孩子的健康成长。

总之，生活中处处都有机会，孩子的动手能力随时都可以培养，父母要从传统的价值观中走出来，鼓励孩子多玩，在玩的过程中让他多看、多听、多想，关键是多动手，把孩子培养成为一个自信、乐观、有创意、心灵手巧的人！

二、引导孩子培养观察力

晴晴今年刚上初一，就在今年夏天的一天，她在公交车上擒了一个小偷。

这天是周末，妈妈答应带晴晴去新华书店买课外资料。中午的时候，晴晴和妈妈吃完午饭以后就出发了。上了公交车以后，晴晴发现，车上已经没有座位了，她和妈妈只好站着。可能是夏天大家都比较懒惰，在冷气很足的情况下，大家都迷迷糊糊睡着了。晴晴也掏出自己的MP3听起歌来。

但就在此时，她看见站在车中间的一个男人用刀划开了一位女士的皮

☆ 第十三章
全面培养孩子的能力：别让孩子成为只会学习的"书呆子"

手袋，晴晴当然想立即就指出来，但她转念一想，万一对方否认怎么办，一定要拿到证据，等对方将女士的钱包掏出来以后，晴晴赶紧大叫："大家抓小偷，就是他，穿黑色T恤的那个男人。旁边的阿姨，你看你的手提袋……"

"小丫头片子，你胡说八道什么呢？"很明显，对方紧张紧张起来了。

"你不要抵赖了，大家要是不信的话，可以让司机叔叔把刚才车内的录像拿出来看看，另外，那个阿姨的钱包是长款的，你的裤子口袋似乎装不下吧。"晴晴在说这句话的时候，大家瞟了一下男人，发现他的裤子口袋果然露出半截皮夹。

"这是我……我老婆的钱包。"

"是吗？那你说说里面都有什么东西？"

男人这下子不知道说什么好了，而此时，这位被偷的女士说："其实，我的钱包里只有一百元现金，哦，对了，还有张我和我女儿的照片。"

此时，男人哑口无言了。

心理导读

故事中的晴晴是个机灵的孩子，在车上，她一下子就看到了站在人群中的小偷，而且，她并没有直接指出来，而是在对方已经拿到罪证后才喊抓小偷，此时，对方已经无法抵赖了。

很明显，这样的孩子是值得父母骄傲的。其实，这些机智聪明的孩子多半都是活泼的。可是现实生活中，我们发现，的确有一些孩子在家长的培养下，认知能力得到发展，而情感因素却未得到开发。无论是学习还是生活，父母都对孩子大包大揽，而到了高年级后，当父母必须放手时，他们才发现自己根本适应不了。长此以往，孩子的学习能力就会低下，离了大人就不会学习。最令人伤脑筋的是粗心会变成一种行为方式，演变成凡

如何把握孩子心理

事都冒冒失失、粗枝大叶,成为真正的"马大哈"。

孩子本身就是细腻的,喜欢用眼睛去观察周围的世界,然后得出自己的结论。因此,父母应尽可能地引导孩子多观察周围的事物。这样,孩子的想象力才有现实的基础,才会更精确,更有创造性。

专家建议

为此,作为父母,你若想培养出有细心的孩子,就必须从现在开始培养孩子的观察力,具体来说,你需要做到的是:

建议1　鼓励孩子走出学校,多接触社会

作为父母,不要再认为应该帮助孩子排除危险因素就是爱孩子,把他们拴在身边,对他们实行二十四小时保护,这样的孩子是很难适应未来社会竞争的。

建议2　有计划地让孩子进行一些观察

比如,你可以让孩子自己种一盆花,然后每天观察其变化,还可以写观察日记。这样的观察活动,既有兴趣,又有丰富的内容,效果很好。

另外,你还可以让孩子自己学会煮饭,比如,多少米,怎么淘,放多少水,大火烧多长时间,小火焖多长时间。当然,对于年幼的孩子,为了安全起见,你需要对其进行一番指导。

建议3　提醒孩子要有警惕心

孩子其实比大人更细腻,他们更善于发现生活中大人们容易忽略的问题。一个善于观察的孩子也总是能先人一步察觉到一些危险因素,因此,父母更要提醒孩子要有警惕心,提高他们的自我保护意识。

建议4　有意识地让孩子学会察言观色,让他做一个善解人意的人

人际关系好的孩子一般都能照顾到他人的情绪,因为他们善于察言观色,能察觉到交往时的一些不安分因素,并懂得见机行事。而孩子的这一能力是不可能凭空获得的,这需要父母在生活中对孩子进行培养。

总之,身为父母的我们要明白的是,观察能力是孩子智力发展的重要

条件。然而，每个人观察力不是自然而然形成的，它需要经过长期的观察实践和观察训练。这就需要我们把对孩子的观察力的培养融入到日常生活和学习中。

三、孩子的专注力该如何提升

小越是今年某市的中考状元，暑假的时候，市里的记者来采访他，他的妈妈很开心，她说："小越能够取得这样的好成绩与他的踏实认真有很大的关系。"

小越的妈妈说，小越是个非常明事理的孩子。他的爱好很少，因为他专注于学习，所以能够取得好成绩。此外，在生活上小越也非常自立，而且非常懂得关心周围的人。

"好学生也会有问题，比如小越喜欢看书，他的思想有时候显得要比其他孩子成熟，所以，有时候与人相处时他会表现得居高临下，我注意到这个细节，曾经找他谈心，后来，小越多了很多好朋友。他唯一的爱好就是练书法，每次他写字的时候，我们从来不打扰他，这让他从上中学开始就养成了做事专注的习惯，这次他考出好成绩，我为他高兴。"

心理导读

小越之所以能取得好成绩，其中一个重要的原因就是学习专注。托马斯·爱迪生曾说过："成功中天分所占的比例不过只有1%，剩下的99%都是勤奋和汗水。"对于任何一个孩子来说，在未来社会，他们只有专心致志埋头苦干，不屈服于任何困难，坚持不懈，才能造就优秀的人格，而专注的这种品格必须从小培养，从日常的生活和学习中培养。

父母也应该知道，专注是一种良好的助人成功的品质，从现在开始培养孩子的这种品质，他才能在人生路上收获成功。

专家建议

对于学习阶段的孩子来说，他们最主要的任务是学习，而学习并不是一件轻松的事，浮躁心态是学习的大敌。因此，在学习上，要想提高成绩，父母就必须训练他们专注的学习习惯。具体来说，我们可以这样做：

建议1　为孩子树立一个行为榜样

王羲之就是个学习专注的人。

王羲之小的时候，练字十分刻苦。据说他练字用坏的毛笔，堆在一起成了一座小山，人们叫它"笔山"。他家的旁边有一个小水池，他常在这水池里洗毛笔、冲砚台，后来小水池的水都变黑了，被人们叫作"墨池"。

长大以后，王羲之的字写得相当好了，还是坚持每天练习。有一天，他聚精会神地在书房练字，连吃饭都忘了。丫鬟送来了他最爱吃的蒜泥和馍馍，催着他吃。他好像没有听见一样，还是埋头写字。丫鬟没办法，就去告诉王羲之的夫人。夫人和丫鬟来到书房的时候，看见王羲之正拿着一个蘸满墨汁的馍馍往嘴里送，弄得满嘴乌黑。她们忍不住笑出了声。原来，王羲之边吃边看着字，错把墨汁当成蒜泥蘸了。

夫人心疼地对王羲之说："你要保重身体呀！字写得已经不错了，为了苦练把身体弄坏就不值得了。"

王羲之抬起头，回答说："我的字是不错，但那都是学习前人的写法。我要有自己的写法，自成一家，不苦练是不会成功的。"

经过艰苦摸索，王羲之写出了一种妍美流利的新字体。大家称赞他写的字像彩云那样轻松自如，像飞龙那样雄健有力。王羲之被认为是我国历史上最杰出的书法家之一。

王羲之是个做事专注的人,他的故事告诉我们,学习是一件容不得半点马虎的事,要想学有所成,就必须做到专注。

建议2　协助孩子学会制订做事计划

你可以告诉孩子,无论是学习还是其他事情,都应该先拟定一个切实可行的计划,并努力做好第一步,而后再努力做好第二步,第三步……如此,最终达到自己的目标。

建议3　告诉他不要同时做两件或两件以上的事

可能你也发现,你的孩子,无论是不是在学习,都把电视开着,或者边玩游戏边学习。试想,这样怎么能聚精会神呢?久而久之,便养成了一心二用的坏习惯。

为此,你必须帮他克服这一缺点,做习题时就专心做习题,玩游戏时就痛快玩游戏,经过一段时间,你会发现,他无论做什么事,都专注多了,而最重要的是,效率也提高了很多。

总之,专注、认真是任何人要做好一件事情的前提,如果对什么事情都敷衍了事,草草出兵,草草收兵,必然做不好。认真、专注还是一种习惯,要养成专注于学习的习惯,还需要身为父母的我们帮助孩子平日里培养。

四、意志力就是孩子的成功力

杰克·韦尔奇在全球享有盛名,他被誉为"全球第一CEO""最受尊敬的CEO""美国当代最成功、最伟大的企业家"。

如何把握孩子心理

每个人的成长过程中总有一些回忆，韦尔奇也有，他曾经这样回忆自己的一段经历："我是个自信的人，但我也有缺乏自信的时候，我记得那是1953年的秋天，我上马萨诸塞大学的第一周，我很想家，我想母亲，我住不惯。我的母亲是个很爱孩子的女人，他从家要开车三个小时才能到我的学校，但她经常不辞劳苦来看我，给我打气。"

面对沮丧的儿子，他的母亲说："你看你周围的这些同学，他们也是离家很远，但他们却没有你这么想家，你要努力，表现的要比他们还出色。"韦尔奇当时并不是很出色。

母亲的这番话确实对韦尔奇产生作用了，不到一个星期，韦尔奇就振作了，他信心十足地融入到同学中，并且在第一学期的期末考试中，他的成绩还不错。

对于韦尔奇来说，他的母亲的这番话是有力的，因此，他受到了极大的鼓舞。

心理导读

从韦尔奇的故事能给生活中父母一些启示，意志薄弱者，最终都会与成功无缘。教育个性、人格形成期的孩子，一定要着手锻造他的意志力。

对于成长中的孩子来说，困难和挫折是一所最好的学校，在这所学校里，孩子能历经磨炼，"艰难困苦，玉汝以成"。没有尝过饥与渴的滋味，就永远体会不到食物和水的甜美，不懂得生活到底是什么滋味；没有经历过困难和挫折，就品味不到成功的喜悦；没有经历过苦难，就永远感受不到什么叫幸福。从这个角度看，为人父母的我们，如果想让你的孩子变得勇敢和坚强，就要放开手，让孩子吃点苦。

专家建议

建议1　让孩子接受一些挫折教育

事实上，挫折总是难免的。人生活在社会上，由于自然因素和社会因

素，不可能全是掌声和鲜花、成功和荣誉，更多的是泪水和挫折。

要知道，对于任何人来说，挫折是都一种珍贵的资源，也是一种人生的财富。古今中外的理论和实践都证明：挫折教育可以增强孩子的适应能力、磨炼意志、形成自我激励机制，这正是孩子们成长所必不可少的"壮骨剂"。

为此，父母可以为孩子设置一些生活挫折和障碍，还应该多参加社会实践活动。

建议2　设定清晰的目标，才有坚持的动力

关于目标，心理学已经证明了目标和成功之间的关系，这一点也已经被家长自身的经验证明过。一个目标，一个明确的承诺，可以集中我们的注意力，帮助我们找到达到目标的路线。目标可以简单到买到电脑，或复杂到攀登珠穆朗玛峰。

同样，锻造孩子的意志力，也要从帮助他们树立目标开始，有了目标，他们才能学会正确地定位自己、认清自己，看到自己的价值，然后找准方向，挖掘到自己的内在动力，不断朝着目标奋进，即使遇到挫折，也会因为有目标的鼓励而再坚持一秒。

建议3　教孩子学会权衡利弊

人们常说坚持就是胜利，我们也常常会用这句话来鼓励那些做事容易放弃的孩子，但事实上，如果坚持了错误的方向，那么，只能在这条错误的方向上越走越远，因此，坚持还是放弃，需要权衡。

我们也应该告诉孩子，锻造坚韧的意志力，并不是盲目坚持，而是应该懂得反思，才是理智的坚持。

总之，每个孩子都将面临未来社会激烈的竞争，都需要勇气，并且有时需要很大的勇气。因此，每个孩子都必须要勇敢，都必须要有意志力。父母要想锻造这样的孩子，就要在孩子成长阶段就为他"制造"一点挫折，让孩子学会在逆境中保持自信，学会在挫折面前保持乐观，泰然处之；培养孩子韧劲和抗挫折的能力，以及受挫折后的恢复能力，还有不向挫折低头的精神。

如何把握孩子心理

五、培养孩子的理财能力

现象一：朗朗今年上小学四年级了，他动不动就向别的同学借钱，还在学校门口的小卖部里赊账消费。到了实在赊不到的时候，他就回家以各种理由找妈妈要钱还账。当妈妈问起朗朗的老师为什么学校总是乱收一些费用时，爸爸说："才几个小钱，孩子要就给他呗。"他们哪里知道那些所谓的学校收取的费用，都被儿子拿去胡乱消费了。

现象二：一位10岁的男孩拉着父母走进一家服装专卖店，看到一身高档运动衣便让父母给他买。当母亲说他穿的运动衣几乎还是新的时候，他却说那身运动衣再穿就会落伍。这时，站在旁边的父亲一边掏银行卡一边说："讲节俭的年代已经过去了，他想要就给他买吧。"

心理导读

的确，随着生活水平的提高，很多家庭逐渐富裕了，孩子是家庭富裕的"直接得益者"，家长对孩子提出的要求也是尽量满足。可是，事实上，这种给孩子大把的钱花的教育方式是有百害而无一利的，罗伯特·清崎曾表述过这样一个观点："如果你不教孩子金钱的知识，将会有其他人取代你。如果要让银行、债主、警方，甚至骗子来进行这项教育，这恐怕不会是愉快的经验。"因此，家长们不要把给孩子零用钱当例行公事，教导孩子们如何管理手上金钱，并赋予他们理财的责任才是重点。

相比之下，西方的父母是这样教育孩子的，他们把培养孩子的理财能力的时间逐渐提前。

作为家长，应该把理财能力的培养当成家庭教育的重要组成部分，如

果你的孩子对金钱没有正确的认识,有花钱大手大脚的毛病,家长千万不要一味地批评、指责孩子,孩子正确的理财观念是在日常生活中一点点培养出来的。

专家建议

教孩子理财,应从小开始。根据学者研究,儿童接受各种能力的培养,都有一个关键期,以语言能力训练为例,2~4岁堪称为关键期。若是希望培养儿童数理能力,那么4~6岁便是关键期。对于稍具难度的理财能力而言,培养的关键期为5~14岁。那么怎样教会孩子理财呢?你可以尝试以下方法:

建议1　让孩子了解家庭的财务情况

这包括,让孩子记录财务情况;明确家庭的经济目标;了解收入及花销;制订预算,并参照实施;削减开销等。

让孩子尝试着做这些,有利于树立孩子节俭和投资的意识。孩子会知道削减开支,节省每一块钱,因为即使很小数目的投资,也可能会带来不小的财富。

建议2　对孩子理财恪守尊重和信任的原则

家长要相信,孩子可以管好自己的钱,相信孩子可以做好。尊重是指把孩子当成一个独立的成人来看待,对于他的思想、看法、情绪和情感,父母可以帮助他探索,引导他辨别,而不是进行贬低和指责。信任孩子不是一件容易的事,这对父母的信心是一种考验。许多父母对孩子的信心是建立在孩子做得好的基础上的,一旦孩子没做好,父母就无法再信任孩子了。这其实就是不信任。真正的信任是,虽然没做好,但仍然相信他以后可以做好。孩子对自己的信心是父母的话语塑造的,父母始终如一的信任,相信孩子可以独立,可以演化成孩子内心百折不挠的精神力量,使他们受用终身。

建议3 给孩子"当家"的机会

现在，几岁到十几岁的孩子都已经接触钱了，但是他们往往不懂得"柴米油盐贵"，所以，他们才会动不动就要求妈妈买昂贵的文具、名牌的衣服等。遇到这种情况，妈妈可以给孩子一些机会，让他们去买菜、交水费、交电话费等，使孩子知道家里的钱是怎么花出去的，父母每个月都需要支付哪些开支。这样，孩子有了了解家中"财政"的机会，就会慢慢学会节约了。

建议4 建立理财目标

理财的最终目标无非是希望能理性消费，提高消费能力，因此父母可与小孩讨论建立储蓄目标，例如，购买玩具、脚踏车、溜冰鞋等，然后协助孩子从每个月的零用钱当中，规划出一个时间表，透过目标建立孩子的预算观念。

总之，在孩子小的时候，家长就应有意识地培养孩子的理财能力，指导他熟悉掌握基本的金融知识与工具。不过在此要提醒的是，训练理财的内容必须依照孩子心智发展情形而定，找出适合他的理财学习方法。教会孩子理财，从短期效果看是养成孩子不乱花钱的习惯，从长远来看，将有利于孩子及早具备独立的生活能力，使其在高度发达、快速发展的时代中，具有可靠的立身之本。

六、教会孩子掌握时间管理的能力

佩佩是个很可爱的小女孩，她只有10岁，却不需要爸妈吩咐任何事情。每个周末，佩佩早晨起来第一件事情就是摊开记事本，写下自己一天

第十三章
全面培养孩子的能力：别让孩子成为只会学习的"书呆子"

要做的事情，并且按照轻重缓急从上到下罗列开来。

接着，佩佩按照所罗列的任务单，从第一件事情开始做，做完一件事情才会接着做下面的事情。这样，根本不用大人督促，佩佩不但能很快地把作业做完，同时还有玩的时间，这令爸妈很高兴。

佩佩这个习惯还是从妈妈那儿学来的，妈妈是个业务员，每天要做的事情通常都记下来，然后按照所写去做，通常不会把事情落下，效率也很高。佩佩在妈妈潜移默化的影响下，也养成了把一天的事情按重要程度罗列出来这个好习惯，并且受益不浅。

心理导读

故事中的佩佩就是个善于管理时间的孩子，很明显，任何一个孩子，一旦懂得管理时间，就能高效地学习，并能养成好的做事习惯，从而受益终身。然而，现代社会中，很多孩子出生于独生子女家庭，父母的包办和安排让孩子不会合理安排自己的时间，很多家长常常会面临这样的情况：孩子写作业时，写着写着没了耐心，或者嫌太难，不想做了，一点毅力和耐心都没有，这都是孩子不会掌握管理时间的表现，父母都有"望子成龙""望女成凤"之心，都希望孩子能有一个很好的未来，但这一愿望的实现，是要父母充分挖掘孩子的潜能和智慧，会统筹规划自己时间的孩子的学习和生活更能事半功倍。

专家建议

那么，父母该怎样培养孩子掌握时间管理的能力呢？

建议1　让孩子学会珍惜时间

可能很多家长会认为，孩子年龄还小，再让他玩几年，到了一定的年龄，他会知道学习的；还有一些父母，认为孩子不能放过任何空闲的时间，这两种教育方法都是极端的，真正的珍惜时间，是指该学的时候就认认真真地学，不要去想另外任何的东西，该玩的时候就痛痛快快地玩，也不要去想学习。光玩不学不行，光学不玩不行，边玩边学也不行，社会不需要玩才，社会也不需要书呆子。

有一个孩子，她学习很努力，成绩也不错，父母对她很关心，但也要求严格。一回到了家，一切该做的作业也做好了，她对自己要求严格，还看了一会儿课外书，就准备看一会儿电视睡觉。这时候爸爸来了，看到自己的女儿在看电视，就说："你应该珍惜时间，努力学习，以后考上清华、北大。"而她也只好去书房看书了。

时间一天一天地过，她也这样一天一天地过……

这样的情景恐怕在很多家庭都发生过，这些孩子将来到底会怎样，留下的是给家长的思考，让孩子努力学习，珍惜时间，但也要给孩子以空间，还时间于孩子，适当指导孩子合理安排属于他自己的时间。我们的孩子才会很快乐！

建议2　让孩子学会分出事情的轻重缓急

父母可以帮助孩子把复杂的工作分解一下，再制订一个时间进度。就拿写作业来说，父母可以试着让孩子调整写作业的顺序，一般先做简单的，再做有难度的。因为人的最佳学习状态应该是在学习的十分钟以后，口头作业和书面作业交替做，这样不会太乏味。

父母教会孩子把事情的轻重缓急分出来，让孩子在第一时间把那些必须且紧急的事情做完，再去做别的事情，这样合理利用时间，有利于提高效率。

父母每天让孩子把一天的任务写下来，分出哪些是紧急要做的，哪些是次要的，哪些是必须要做的，哪些是可做可不做的，进行一个先后排列，然后让孩子根据排列的先后顺序去做事，就会提高孩子的时间管理能力。

建议3　教会孩子统筹安排

会统筹安排，才会在同样的时间内做出更多的事情，提高时间的利用率。

☆ 第十三章
全面培养孩子的能力：别让孩子成为只会学习的"书呆子"

美美与丽丽是二年级的同班同学，又是好朋友。一次轮到两人值日时，美美与丽丽比赛谁办事情的效率高。她们每人打扫一半教室，每人擦一半黑板。

比赛开始了，美美首先去打水，把水洒到自己要扫的一半教室里，然后在等待水干些的同时，去擦属于自己的那一半黑板。而此时的丽丽，急忙去擦黑板，擦完黑板后急忙去打水。这时的美美已经把黑板擦完了，而教室的地也刚好能扫了，就动手扫了起来。

丽丽把水洒在地上，却不能立即扫，她只有眼睁睁看着美美把地扫完，而自己还没有动笤帚呢。丽丽此时才理解美美先洒水的用意，这样可以节省时间啊，她不禁暗暗对美美表示佩服。

孩子做事情大多都是一件事情完成后再去做另外一件事情，父母要教孩子学会同时做几件事情，根据事件的特点与需要的时间学会统筹安排，这样能够节约时间。

建议4　帮孩子养成科学的作息规律

科学的作息规律，不仅有利于休息，还能提高做事的效率。父母根据孩子的特点，帮孩子制订一个适合的科学作息计划，会使孩子不但睡眠得到了保证，还能避免孩子在课堂上打盹，从而提高时间的利用率，加强孩子的时间管理能力。

总之，教会孩子学会管理时间，让孩子养成一种做事有条不紊的好习惯，同时也能提高他们的自信心和独立性。这对于孩子今后的独立生活大有益处！

第十四章

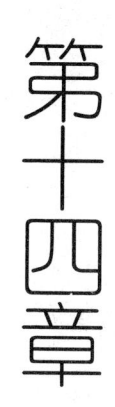

让亲子关系逐渐升温的秘诀：用心沟通才能教出好孩子

父母都"望子成龙""望女成凤"，但对于孩子的培养，不仅是学习成绩上的，更是心态、品质上的，在孩子成长的过程中，难免会遇到一些问题，此时，就需要为人父母的我们对其进行引导，对此，我们一定要掌握技巧，千万不能孩子一出了些什么问题，就乱了方寸。我们只有放下架子，并找到和孩子沟通的方式，同时多倾听孩子的心声，才能引领孩子健康成长。

如何把握孩子心理

一、给予孩子话语权，倾听他们的心声

冉冉是个很可爱的女孩，但父母惊异的是，这么小的女孩居然总是有自己的想法。冉冉说："我已4岁了，不再需要别人告诉我该做什么、该怎么做，我想自己做主，掌握一切事情。""妈妈要我上床睡觉时，可我不想睡，有一个好办法可以拖延时间，比如不断提出问题，妈妈没回答完，我就不必睡觉。"冉冉希望自己控制睡觉前的活动，于是会选择性地要求妈妈讲故事、唱儿歌给他听、陪她在被窝里待一会儿，或者再回答她一个问题等。

当妈妈满足其种种要求后，准备离开她的房间时，冉冉又会再提出"最后一个"问题。而这个"最后"的问题常常不止一个。于是，请自己可爱的女儿上床睡觉变成整个家中相当冗长的仪式。

心理导读

冉冉的这种表现就是这个年龄段孩子要求自主的外在反映，是孩子要求父母接受自己意见的方式，随着年龄的增长，孩子能从环境中慢慢地体会到"权力"的存在，也相信自己有运用"手段"的能力，如利用提问题的方式规避睡觉；在这种情况下，他感觉到自己的权力受到了肯定，甚至感觉到父母对自己的重视和无奈，相反，他很开心。父母对孩子的这种"自主"的要求，应该感到开心才对。毕竟，要培养出一个有判断力、责任感的孩子，前提是父母必须懂得权力的授予。所以说，孩子希望自己决定上床的时间，父母可在接受的范围之内，给予孩子一定的权利，这样才

是双赢的做法。

专家建议

任何父母，都希望自己的孩子把自己当朋友，他们都希望孩子向自己吐露心声，但事实上，我们看到的确实很多父母和孩子之间上演的口水战，一些孩子因为父母剥夺自己说话的权力而和父母争论。久而久之，一些孩子也不再愿意与父母沟通了。而聪明的父母都会引导孩子发表自己的意见，让孩子畅所欲言。

其实，孩子要求发表意见、要求自主的意识是随着年龄的增长越来越强烈的，父母要给予孩子的是尊重，给她发表意见的机会，而不能压制。

建议1 尊重孩子，给孩子说话的机会

家长要把孩子看作一个独立人，他们有权发表自己的意见，父母不必过多地限制，家庭生活中出现的一些问题，要让他们去尝试，自己去判断、思索、体验。当然，尊重孩子的人格和自我意识并不等于放任孩子。在他们成年之前，父母可以引导他们，帮助他们辨别是非，培养他们独立思考，学会选择自己的人生目标。

建议2 学会满足孩子合理的心理需要

有位美国学者，他到监狱里面去访问50个罪犯，研究他们是怎么犯罪的。他发现了一件很有意思的事：有一个罪犯说他是从撒谎走向犯罪的。他为什么要撒谎呢？他小时候，家里面兄弟姐妹好几个，有一次分苹果吃，其中一个苹果又大又红，孩子们都想要那个大红苹果。老大说："妈，大的红苹果给我吃。"妈妈瞪他一眼说："你不懂事，你怎么带头吃大的呢？"

这个罪犯回忆说，当时他观察发现，谁越说要，他妈妈就越不给谁，谁不吱声或说了反话，谁就最有希望得到。这时他就撒谎说："妈妈，我

如何把握孩子心理

就要最小的苹果。"

妈妈说："真是个好孩子，就把大苹果给你。"说假话可以吃到大苹果！啊，越想要就越不说，到时候，你"表现好"就可以得到。孩子为了吃大苹果，所以就说假话，你看这就是妈妈的失误。

每个父母都希望自己的孩子诚实守信，不喜欢撒谎的孩子。但是，许多孩子却表现得不尽如人意。究其原因，大多是由于后天的某种需要引起的，比如为了满足吃的、玩的需要甚至是为了逃避受批评、受惩罚，这些都助长了孩子撒谎的恶习。这样的孩子只会危害社会。

所以，父母可以从孩子发表的意见中分析到孩子的需要，尽量满足其合理的部分。而满足孩子的时候应该用孩子的眼光来看待事物。要分析孩子的需要，认真倾听孩子的心里话，而不要以成人的想法推测孩子的心理。当孩子向父母讲述了他的需要后，父母应该跟孩子一起分析，让孩子明白哪些是合理的、正确的，然后及时满足孩子合理的需要；对于不合理的需要，则要对孩子讲明道理。千万不要觉得孩子还小，或者觉得事情无关紧要就放纵他们。长此以往，孩子就会不断地强化不良行为，形成不良的品格，最终影响到他的人生。

现实生活中，很多父母看似为孩子包办一切，一切是为了孩子好，但听见自己的孩子提出一些自己的想法时，却不分青红皂白就加以苛责、训斥，甚至打孩子，这无疑是给孩子精神上的打压，长期在父母的这种态度下生存的孩子又怎敢发表自己对于家庭建设的一些意见呢？因此，父母要想培养出一个有主见、独立创新的孩子，就要做有心人，为孩子创造愉悦的发表意见的氛围，以感染孩子的心灵，孩子尽管年龄小，但他同样会体会到家长对他的尊重和信任，也就能自信的成长！

二、多用身体语言与孩子沟通

有一天,小区几个母亲在一起聊天。

其中一个母亲说:"最近我们机构要组织一个训练营,其中有很多内容,是我都不知道的,其中,就有一个什么和孩子使用非语言的交流方式。"

"那是什么啊?"

"在孩子小的时候,我们都愿意去抱抱孩子,亲亲孩子,那时候,孩子与我们的关系是那么的密切,小家伙们一天都离不开妈妈,可是,现在,孩子大了,我们照顾孩子的时间也少了,孩子离我们也远了,我们还记得每天晚上在孩子睡觉前亲一下他的脸颊吗?当孩子受到挫折时,我们有给孩子一个安慰的拥抱吗?"

"是啊,似乎我们把这些都遗忘了,我们要拾起那些我们遗失的爱,孩子肯定还会重新回到我们的怀抱的……"

"是啊,那赶快去吧,明天训练营就要开课了,你们肯定会受益匪浅的。"

心理导读

语言是我们沟通的常用工具,但人类除了语言,还有其他的交流工具,那就是身体语言。一颦一笑甚至一个眼神,都体现了某种情感,某个想法,某个态度。

很多人认为语言的交流方式给人提供了大部分的信息,事实上,语言学家艾伯特·梅瑞宾的研究表明,人与人之间的沟通,事实上,只有7%是通过语言沟通来实现的,而高达93%的传递方式是非语言的。而在非语言沟通中,也只有38%是通过音调的高低进行的,有55%是通过面部表情、形体姿态和手势等肢体语言进行的。

的确,作为父母,你是否发现,当孩子还小的时候,我们会特别留意他,会留意孩子的声调、面部表情、动作、姿势等,会用自己的行动表达对孩子的爱,可当孩子逐渐长大、不再是儿童后,做父母的,反倒把这种表达爱的方式搁浅了,而这种细微的变化,很多父母都没有注意到,而孩子在离我们越来越远。而大多数情况则是,孩子甚至产生叛逆的情绪,很多家长抱怨说:"都说孩子进入青春期之后就容易'较劲',但我发现我家孩子对别人都是好好的,但一回到家里就专门跟我们对着干,就好像他的'较劲'对象主要就是我一样。"事实上,没有教不好的孩子,只有不好的教育方法。只要方法妥当,任何孩子都是优秀的;只要用心,总能找到合适的教育方法,而孩子更需要的是家长的爱和关心。

由此可见,非语言信息在沟通过程中是多么重要。然而,一份社会调查却显示,在亲子之间的沟通中,非语言沟通常常被忽视。当然,这一现状的造成也与孩子有很大的关系。

专家建议

不得不说,不少父母一直采用错误的非语言沟通方式与孩子交流,例如经常向孩子发脾气、拍桌子、摔东西等,这些都会被孩子理解成你极度嫌弃他的信号。这些非语言行为都是拒绝沟通的信息,因此它更会阻碍亲子之间的沟通,破坏亲子关系。那么,父母该怎样与孩子进行身体语言沟通呢?

建议1 多用眼神鼓励孩子

身体接触往往比语言能更好地表情达意。有时候,哪怕你一个鼓励的眼神和微笑,都会让你的孩子充满无穷的动力。因此,聪明的父母总是会

在某些时刻给孩子一个肯定、坚毅的眼神，让孩子更自信。

建议2　给孩子一个拥抱，给他力量

生活中，很简单的一个例子，比如，如果你的孩子取得了一个好成绩，做父母的，需要赞扬、鼓励他，这时，如果家长单纯地用语言与他沟通，告诉孩子："儿子你真棒，妈妈因为你而骄傲！"他也会很高兴，但是这种高兴劲也许没过多久就被他忘记；如果父母运用非语言与他沟通，微笑地走向孩子面前，给他一个拥抱，然后再告诉他："儿子，妈妈为你而骄傲。"这样，他将永远也不会忘记妈妈对他的赏识和鼓励。

建议3　用握手向孩子表达友好

有研究人员曾通过实验研究了握手的效果，结果证明：身体的接触行为能增强人与人之间的亲近感，即使是初次见面的人，也有同样的效果。为了强化这种效果，有人会伸出双手与人握手，这样的人大多非常热情。

想必大多数父母也明白握手是一种表达友好的方式，是平等沟通的一个表现。而孩子都希望与父母平等地对话，因此，日常生活中，如果我们能把这一非语言沟通形式放到对孩子的培养中，相信是能起到一定的积极作用的。

总之，在生活中，尝试着用非语言的方式与孩子沟通吧，但你还需要注意以下三点：

第一，尝试以身体接触代替言语交流。

第二，有些孩子不喜欢太多的拥抱，别强迫这样做。尝试寻找其他与之亲近、感受亲密、向他示爱的方式。

第三，当身体接触的习惯已经消失，在睡觉前或看电视，甚至只是紧挨你的孩子坐着时，轻轻抚摸他的前额、脑袋或手，可以使身体接触的习惯重新回到你们家中。

三、与时俱进，与孩子建立友谊

有位母亲这样讲述自己的教育经验——儿子喜欢什么，妈妈就去学什么。

"儿子初三的时候，就已经长到180厘米，酷爱打篮球。而我对篮球一窍不通，为了打入儿子的圈子，我专门去查资料，NBA、乔丹、科比、姚明……周末的时候，我会主动跟儿子交流：'晚上有NBA的比赛，我们一起看。'儿子当时特别兴奋。他会觉得妈妈很了解我的爱好，妈妈很'潮'，跟别的家长不一样。"

"儿子对自己认可了，自然也就乐意跟家长聊天，这样家长关于学习和生活的提醒他也就肯听了。其实，这个时候的孩子也很要面子，家长一定要把他们当成大人看待。有一次我在路上遇到了儿子的同学，自己便很真诚地跟对方说：'很高兴儿子有你这么要好的同学，欢迎你经常到我家玩。'事后，儿子很高兴，他觉得妈妈很尊重他的同学，让他很有面子。第二天放学后，儿子兴奋地跑来说，那位同学夸自己'很有气质、很优雅'。"

心理导读

作为父母，你是否发现，当孩子十几岁以后，他不再像以前一样听话了，不再认为我们说的都是对的，他是不是经常对我们说："俗！""土得掉渣！""out了"等，从孩子的口中，你是不是会听到："我们同学都是这样说的。""人家都是这样穿衣服的。""什么都不懂，懒得跟你说。""你不明白的。"……

这些语言和这些行为都代表着孩子开始渴望独立，开始有了自己的思想。心理学家发现：孩子在10岁之前是对父母的崇拜期，20岁之前是对父

母的轻视期，30岁之前是对父母的理解期，40岁之前是对父母的深爱期，直到50岁才真正了解自己的父母。10~20岁之间是代际冲突最为激烈的时期。有人说："12~17岁这个年龄段的孩子可以让父母衰老20岁！"也就是说，这一时期的孩子是最让父母操心、担心和伤脑筋的。的确，大多数这个年龄段的孩子，都开始质疑父母，并认为父母的思想跟不上时代，于是，他们经常都会说父母的想法"土得掉渣"。而这一点，无疑会让加剧父母与孩子之间沟通的难度。

专家建议

建议1　转变观念，教育方法不能一成不变

很多家长认为，只要给孩子足够的物质满足，才是给孩子一个更好的生活，其实家长恰恰忽略了孩子最需要的东西。孩子们最需要的不是玩具和零食，而是亲密感情的表现形式，比如你了解他的思想，理解他，认同他，给他一个鼓励的拥抱等。记住，你的孩子已经进入青春期了，已经有了自己的爱好、思想等，对此，你家长应予以正确的引导和鼓励，不能以一成不变、简单粗暴干涉的方式来约束孩子，应该突破传统教育的固定模式，家庭教育也需要与时俱进。父母应该在平时多留意社会的发展和孩子的想法，注意与孩子沟通，在了解孩子的想法后也多向老师求教，双方配合合理引导，从而共同促进孩子的健康成长。

建议2　和孩子一起探讨一些"潮"的话题

要和孩子做朋友，就必须与时俱进，了解你的孩子在想什么，了解孩子才有共同语言。如果问到"你了解你的孩子吗？"可能有的家长会说"我的孩子，我能不了解吗？"曾经有人做过一次调查，设计了一些问题。

你的孩子最喜欢做什么？他最崇拜谁？曾经哪件事最打击他？

父母与孩子都写下这些问题的答案，然后彼此对照一下，结果发现，没有一位父母能回答对一半以上的问题。

的确，我们很多父母，他能记得孩子每次的考试成绩，记得孩子喜欢

吃的食物，但就是弄不清孩子崇拜的偶像是叫迈克尔·乔丹还是迈克尔·杰克逊，他到底是打篮球的还是踢足球的？努力和孩子建立共同的爱好，了解孩子，懂孩子，孩子才能有和你交流的兴趣和欲望。

建议3　让孩子自由安排与父母独处的时间

很多父母感叹："虽然放暑假成天在家，儿子跟我之间每天的交流时间竟不到半个小时！""女儿每天除了上辅导班就是自己上网跟同学聊天、打电话，根本不理睬父母，说多了还嫌烦！"

其实，既然你的孩子觉得你土，那么，你不妨请教他："这个周末由你来安排，不过前提是，你要带上爸妈……"如果你的孩子答应了，那么，就表明他已经允许你进入他的世界。

的确，孩子们天天在用现代化的眼光审视我们，逼迫我们去学习新东西，督促我们朝现代化靠近！呆板的、单一的、简单的家教已经行不通了，父母要在人格魅力、学识素养各方面得到孩子的敬佩与爱戴。在21世纪，变是唯一不变的真理。变是常态，不变是病态。因此，作为21世纪的父母，我们不妨改变一下自己，用21世纪的尺子来量量自己，不妨学会在孩子面前"化化妆"——用新知识，新技能包装自己，"演演戏"——每天花上几十分钟，学点新知识，设计一些"脚本"，用自己的行为影响孩子，用新鲜的话题引导孩子。

四、站在孩子的角度说话，让孩子把你当自己人

赵雨上初中二年级时，学校要举行语文知识竞赛，赵雨告诉妈妈：

第十四章
让亲子关系逐渐升温的秘诀：用心沟通才能教出好孩子

"老师想让我参加纠正错别字竞赛。"

"这是件很好的事，你去报名了吗？"

"还没有。"

"为什么？是不是没有想好？"妈妈问。

"竞赛时台下会有很多人看，我有点害怕。"赵雨很激动，毕竟这是她第一次参加这种集体性的竞赛活动。

"我能体谅你的心情，妈妈读书的时候一到这样的情况也会很紧张，但是要是参加竞赛的话，也可以锻炼锻炼自己，不过这件事你还是自己决定，我只是告诉你我的想法。"妈妈鼓励道。

后来，赵雨自己决定参加这次全校范围内的语文知识竞赛。

心理导读

案例中，赵雨的妈妈是位家庭教育的有心人，她也是明智的，她让孩子自己做决定，并且能理解孩子的心情，最终，孩子接纳她的意见。

我们都知道，任何父母，都希望自己的孩子把自己当朋友，对自己倾吐成长中的烦恼与快乐，然而，孩子越大越难与他们沟通？这是很多父母共同的感受。这是由什么造成的呢？其实，孩子也想对父母说实话，只是很多父母不懂沟通技巧，在沟通中多半端着家长的架子，甚至和孩子制气，孩子又怎么愿意与你沟通呢？因此，聪明的父母会使用一些沟通技巧，让孩子把自己当成"自己人"，这对维持亲子间的良好感情关系很有帮助。

生活中的，我们常常发现，同样一个观点，如果是自己喜欢的人说的，接受起来就比较快和容易。如果是自己讨厌的人说的，就可能本能地加以抵制。有道是："是自己人，什么都好说；不是自己人，一切按规矩来。"这同样，家庭教育中，如果我们也能让孩子把我们当成自己人，那么，就会拉近彼此之间的心理距离，孩子也会消除心理压力，就不会对你心存戒心，沟通就会产生良好的效果。我们来看下面这位妈妈是怎么和孩子沟通的：

如何把握孩子心理

专家建议

可见，如果我们懂得如何和孩子沟通，让孩子把我们当"自己人"，孩子是愿意和我们沟通的。具体来说，让孩子把我们当"自己人"，需要我们做到：

建议1　语气应温和，态度友善

父母与孩子说话，最好避免用尖锐的语气和带有恐吓的声音，而应尽量对孩子微笑，用欢快、平和的语气与孩子沟通，这样，能让孩子感受到你的爱。

建议2　多说"我"，少说"你"

为了能让孩子觉得你和他是站在统一战线、是为了他好，你在说话的时候，不要总说"你应该……"，而应常说"我会很担心的，如果你……"。

建议3　分享孩子的感受

无论孩子是向你们报喜还是诉苦，你们最好暂停手边的工作，静心倾听。若边工作边听，也要及时做出反应，表示出自己的想法或感受，倘若只是敷衍了事，孩子得不到积极的回应，日后也就懒得再与大人交流和分享感受了。

建议4　尝试跟孩子交朋友

事实上，孩子都渴望交朋友，这就是为什么他们会有自己的朋友圈子而不愿与父母交流、对父母的观点嗤之以鼻了，而父母要是和自己的孩子交上了朋友，那就不需要再为不知道怎么跟自己的孩子交流而烦恼。

建议5　多用身体语言

作为父母，我们要让孩子感受到，无论什么情况，你都是爱他的，即使他做了什么错事。事实上，有时不说话，而利用身体语言，如微笑、拥抱和点头等，就可以让孩子知道你是多么疼他，不只是在他表现良好时。

同时，与孩子身体接触，能拉近与孩子之间的距离，不难发现，有些

父母只是在孩子还很小的时候才会亲孩子、抱孩子，而孩子长大一点后便忽视了这一点。然而身体接触可以令孩子切身体会父母的关怀。同时也别忘了接纳孩子对你们的爱意。

总之，理解孩子的感受、从孩子的角度沟通，对于父母来说，就是要让孩子感受到，父母是理解他的，是能够从他的角度思考和解决问题的，是和他站在同一个立场的。

五、孩子犯了错，批评要"顺耳"点

一位父亲带着自己的妻子、女儿去德国留学。一次，他带着女儿逛公园。一会儿，女儿高兴地跑到他的身边说："爸爸，你看。"原来，女儿用自己的纸船跟一个德国女孩换了一只玩具船。一只纸船最多值3美分，而一只玩具船值20多美元。当时，这位爸爸就生气了，"你怎么这么爱占别人的便宜？你这样做是不对的！说，你跟谁换的？"女儿哭着指向远处的一个德国小女孩。

爸爸拉着女儿走过去，对德国小女孩的爸爸说："对不起，我女儿不懂事。"然而，德国爸爸的话让他十分震惊。德国爸爸说："船是我女儿的，所以由她做主。你女儿喜欢，就归她了。一会儿，我会带我女儿再去买一只，让她知道这只玩具船值多少钱，能买多少纸船。下次，她就不会再犯如此愚蠢的错误了。"

心理导读

德国爸爸的一席话，让中国爸爸无地自容。这位德国爸爸非常尊重女儿的选择，没有一味批评女儿，而是通过有效的措施，让女儿认识到自己的错误，并且找到正确的做事方法。

在孩子成长的过程中，我们也要允许孩子犯错，让孩子在不断地犯过程错中积极主动地去探索、去学习。孩子犯错的原因有很多，可能是孩子不专心、没耐心，或者是能力不够引起的，作为父母都应该温柔的对待，应该耐心地支持和辅导他改正错误，绝不要横加指责，否则很容易导致你的孩子产生自卑感，或者抗压能力差。

事实上，人类的学习过程自古至今都遵循这样一条规律：错误、学习、尝试、纠正。在这个不断循环的过程中，人类得以成长。教育孩子，也需要我们父母尊重这个规律，温柔地对待孩子所犯的错误，让孩子自己认识到错误，让他在错误中得到真理，得到正确的做事方法。而作为父母，如果把错误这个源头彻底消灭，那么你的孩子也不会有成长，也会打击孩子的自信心。

专家建议

建议1　任何时候都不要随意惩罚孩子

打骂会对孩子的心理造成损伤吗？答案是：当然！我们不能把自己对孩子失败的烦恼发泄在孩子身上，更不能当着外人的面打骂或嘲笑挖苦孩子。家长应该时刻牢记，自己应该始终给孩子坚强的拥抱，如果以恶劣的态度对待孩子，一来会激发孩子的逆反心理，二来会打击孩子脆弱的心灵，更糟糕的是，孩子还会怀疑家长是否真的爱他。

建议2　注意时间和场合

批评孩子尽量不要在清晨、吃饭时、睡觉前。在清晨批评孩子，可能会破坏孩子一天的好心情；吃饭时批评孩子，会影响孩子的食欲，长此以往会对孩子的身体健康不利；睡觉前批评孩子，会影响孩子的睡眠，不利于孩子的身体发育。

建议3　冷却自己的情绪

孩子犯了错，特别是犯了比较大的错或者屡错屡犯时，做家长的难免心烦意乱，情绪波动会比较大，很可能会在一时冲动之下对孩子说出不该说的话，或者做出不该做出的举动，这都可能会对自己和孩子产生极为不良的影响。

建议4　先进行自我批评

父母是孩子的第一任老师，孩子所犯错误，父母或多或少都会有一定的责任。在批评孩子之前，如果父母能先来一番自我批评，如："这事也不全怪你，妈妈也有责任。""只怪爸爸平时工作太忙，对你不够关心。"等，会让家长和孩子的心理距离一下子拉得很近，会让孩子更乐意接受父母的批评，还可以培养孩子勇于承担责任、勇于自我批评的良好品质，一举多得，父母又何乐而不为呢？

建议5　一事归一事

在批评孩子的时候，我们只要明白自己的批评，是为了他知道，做什么样的事会带来什么样的后果，而不是为了伤害他或给他打上"坏孩子"的标签，就不会给孩子造成心理阴影。

建议6　给孩子申诉的机会

导致孩子犯错的原因是多种多样的，有孩子主观方面的失误，但也有可能是不以孩子的意志为转移的客观原因造成的。从主观方面来说，有可能是有意为之，也有可能是无心所致；有可能是态度问题，也可能是能力不足，等等。

所以，当孩子犯错后，不要剥夺孩子说话的权利，要给孩子一个申诉的机会，让孩子把自己想说的话和盘托出，这样家长会对孩子所犯的错误有一个更全面、更清楚的认识，对孩子的批评会更有针对性，也让孩子能心悦诚服地接受自己的批评。

可能很多父母相信棍棒比说教更能让孩子牢记错误，当孩子犯错的时候，采取严厉的惩罚措施，甚至有体罚，体罚正是中国家长对孩子常用的方式，包括打骂、罚站、面壁等。由于体罚总伴随着家长的情绪爆发，容易使孩子产生逆反心理或委屈情绪，甚至导致自信心的而丧失，这对于孩子的成长极为不利。其实，"牢记错误"不是重点，"改正错误"才是目的。家长不妨温柔的对待孩子的错误，用正确的方法引导，不仅会让孩子意识到自己的错误，还增强了孩子勇于发现错误的信心和勇气。

六、说服孩子要讲究方法

周末这天，妈妈带着莉莉一起逛商场，莉莉看上了一件粉色的裙子，莉莉非要买，妈妈说该回家做饭了。莉莉就赖着不走，非要妈妈买给他。这时候，妈妈蹲下来，对莉莉说："我的乖女儿，妈妈知道你很喜欢这件衣服，但你发现没，你已经有十几件这样的裙子了。你看，妈妈每天都要辛苦地工作，才能挣钱给你买这些裙子。莉莉是不是应该体谅一下妈妈呀？"妈妈说完后，莉莉还是撅着嘴。妈妈一看莉莉这样的表现，就继续说："要不，等下周妈妈发了工资就给你买，好不好？"听到妈妈这样说，莉莉高兴地答应了。

第二周的一天，妈妈下班后对莉莉说："妈妈今天带你去商场买那件裙子好不好？"但莉莉却对妈妈说："妈妈，我以后要做你的乖女儿，再也不乱买衣服了。"听到莉莉这样说，妈妈欣慰地笑了。

心理导读

这一故事中，莉莉妈妈的教育方法值得很多父母借鉴。教育孩子，需要考虑到他们的心理特点，他们更喜欢父母与他们讲道理，而不是粗暴的

压制方式。因此，若你的孩子和你意见不合，孩子就是不愿意听你的话，你有必要采取正确的方式说服他。这样，能减少亲子间的冲突，并通过把决定权交给对方的方式，让孩子觉得受到尊重，因而会愿意作出配合的决定。

专家建议

生活中，可能不少家长都遇到这样一个头疼的问题：孩子太固执了，想尽办法也说服不了他！其实，如果我们能找到孩子喜欢的沟通方式，让孩子在一开始就认同你，那么，他自然会接受你。

具体来说，有以下几个方法：

建议1　在平时的教育里就明确地告诉他能做什么，不能做什么

比如，当你带孩子亲戚家做客的时候，你要告诉他，不能随便拿人家的东西，并告诉他，这是不好的行为习惯。这样，在日后的拜访中，他便不会提出这样的无理要求。

建议2　让孩子自己做选择题

例如，你想让孩子按时上床睡觉，但他就是想看电视，此时，你可以这样对他说："宝贝，《喜洋洋》很好看，对吧。那你以后是饭前看呢，还是饭后看呢？"这样，用选择题代替是非题，孩子不论作出哪个选择，都能达成共识。

我们再举个例子，妈妈想叫孩子关上电视，去做功课，这时与其大吼"快把电视关了，去做功课"，不如说"乖，你是要先吃饭还是要先做功课"。这么一来，不论孩子作任何选择，做妈妈的都可达到让他离开电视机前的目的。

建议3　晓之以理、动之以情

我们来看看林先生是怎么教育他的孩子的：

林先生是一名物理教师，他在教育孩子这一方面很有自己的心得，他

如何把握孩子心理

曾这样陈述自己的一次教子经历：

我的儿子上小学时，一次因为体育活动课玩疯了，回家时候忘带了语文书，他偷偷和妈妈说，不要告诉爸爸。吃晚饭的时候，妈妈忍不住告诉我了，我就叫他不要吃饭了，把书找回来再吃饭，他哭着叫他妈妈和他去找书，在学校找保安拿到书。回来后表情舒展了。我和他说，一个学生丢了书，就像战士丢了枪一样。他马上就回我，"战士丢了枪，鬼子来可以躲起来啊！"我严厉地说："是的，战士丢了枪可以躲起来，那么老百姓谁保护啊？"他此时无话可说了，我又说，"一个人不能忘记自己的责任啊！"前几天孩子他妈妈去青岛开会，我和儿子两个人在家里，我发现他每天也都要检查煤气、检查家门。一天我因为去学校早了点，忘记拿牛奶了，回去以后发现孩子已经拿回家了，而且放到冰箱里。儿子长大了。

林先生对孩子进行的责任教育，并不是陈述大道理，而是从生活中孩子丢了书本这一事件入手，让孩子明白书本对于学生的重要性，从而让孩子从这一小事件中明白做人必须要有责任，后来孩子检查煤气、家门、拿牛奶等事，证明了林先生的教育起作用了。

每个孩子都有他自己喜欢的沟通方式，作为父母，我们要想成功说服孩子，就要从他喜欢的方式入手，并掌握一定的说服技巧，而不是硬性地把自己的观点传达给孩子，这样才能让孩子接受你的观点。

参考文献

[1] 艾伦.逃离无尽的青春期[M].韩鹏，彭艺琳，译.北京：机械工业出版社，2015.

[2] 崔华芳，李云.如何把握孩子的心理[M].北京：中国纺织出版社，2008.

[3] 李骥，凌坤桢.15分钟改变孩子[M].北京：中国轻工业出版社,2009.

[4] 姜琴珠.青春期，妈妈陪孩子一起走过[M].北京：中国妇女出版社，2014.

[5] 金玹址，李愚京.青春期对了，孩子一辈子就对了[M].北京：中国妇女出版社,2015.